AF723372

Karin Jansen

# Rassespezifisches Jagdverhalten bei Hunden

Karin Jansen

# Rassespezifisches Jagdverhalten bei Hunden

## Verständnis – Beschäftigung – Jagdkontrolle

**Mit einem Geleitwort von Jan Nijboer**

Oertel+Spörer

**Bildnachweis**

Magrit Bucher S. 51; Julia Christe S. 8; Regula Hammerer S. 119; Pamela Harm S. 60; Michael Heitland S. 67; Linda Hildsberg S. 46, 116; Tanja Hofmeyer S. 12; Karin Jansen S. 93 (5); Dr. Gabriele Lehari S. 17, 19, 20, 22, 30, 36, 43, 47, 53, 56, 57, 62, 64, 66(2), 68, 70, 76, 78(2), 80, 84, 85, 86, 87, 88, 151, 174, 182, 187; Senta Ruholl S. 103; Corinna Samow S. 13, 24, 99, 106, 130, 143; Ruth Spielmann S. 121; Evelyn Streif S. 113.

Alle anderen Bilder von Nina Jansen.

Grafiken: Waldemar Winkler

**Haftungsausschluss**

Die Hinweise in diesem Buch wurden von der Autorin sorgfältig recherchiert und geprüft. Es können jedoch keinerlei Garantien übernommen werden. Eine Haftung der Autorin, des Verlags und seiner Beauftragten für Personen-, Sach- und Vermögensschäden ist ausgeschlossen. Sämtliche Teile des Werks sind urheberrechtlich geschützt. Jede Verwertung außerhalb der engen Grenzen des Urheberrechtsgesetzes ist ohne die schriftliche Zustimmung des Verlags und der Autorin unzulässig und strafbar. Dies gilt insbesondere für Vervielfältigungen, Übersetzungen, Mikroverfilmungen und die Einspeicherung und Verarbeitung in elektronischen Systemen.

**Bibliografische Information der Deutschen Nationalbibliothek**

Die Deutsche Nationalbibliothek verzeichnet diese Publikation in der Deutschen Nationalbibliografie; detaillierte bibliografische Daten sind im Internet über http://dnb.d-nb.de abrufbar.

**© Oertel+Spörer Verlags-GmbH + Co. KG · 2014**

Postfach 1642 · 72706 Reutlingen

Alle Rechte vorbehalten

Lektorat: Dr. Gabriele Lehari

DTP und Repro: Oertel+Spörer Verlags-GmbH + Co. KG, Reutlingen

Druck und Bindung: Oertel+Spörer Druck und Medien-GmbH + Co., Riederich

Printed in Germany

ISBN 978-3-88627-865-7

# Inhalt

# Geleitwort von Jan Nijboer

Hunde werden morphologisch, unabhängig ihrer Rassenzugehörigkeit, der Klasse der Säugetiere, der Ordnung der Carnivora (Raubtiere = Beutegreifer), weiterhin der Überfamilie Canoidea (Hundeartige) und schließlich der Familie der Canidae (Hunde) zugeordnet. Wolf, Hund und Dingo gehören alle zur selben Spezies (Art) mit dem wissenschaftlichen Namen *Canis lupus*.

Wenn Sie sich also für einen Hund als Haustier entschieden haben, sollten Sie sich bewusst sein, dass Sie einen Beutegreifer als Haustier haben. Das „Frucht-"Fleisch, welches an Pflanzen und Bäumen wächst, gehört nur bedingt zum Speiseplan eines Caniden. Er ist ein Fleischfresser und noch immer anatomisch und neurophysiologisch ausgestattet als typischer Beutegreifer.

Jedes Lebewesen (auch der Hund) würde rein biologisch von seinen Elterntieren das natürliche Nahrungserwerbsverhalten – für den Hund die Jagd – anhand des Prinzips des sozialen Lernens entwickeln können. Der zu Erziehende lernt also, was er oder sie gern lernen möchte. Er besitzt eine intrinsische Motivation und braucht deshalb von den Eltern nicht extrinsisch motiviert zu werden. Auch der Hund in einer Menschenfamilie braucht den Menschen als Ersatzeltern und als Vorbild, mit dem er sich identifizieren kann, denn seine biologischen Eltern stehen ihm in der Regel nicht mehr zur Verfügung.

In modernen Zoos ist das sogenannte „Environmental und Behavioral Enrichment", kurz „EBE" genannt, schon seit Jahrzehnten etabliert. EBE beinhaltet das Ermöglichen des natürlichen Nahrungserwerbsverhaltens (Foraging Enrichment), Soziale Bereicherung (Social Enrichment), das Lernen und Üben von Fertigkeiten (Learning and Training), Umfeld-Bereicherung (Habitat Enrichment) und das Erkunden neuer Objekte (Novel Object Enrichment). In Zoos werden diese Elemente des EBE oft noch losgelöst voneinander durchgeführt.

Karin Jansen vermittelt die Aspekte von EBE in diesem Buch ganzheitlich und nicht künstlich voneinander getrennt. Durch die Sinnhaftigkeit des natürlichen Nahrungserwerbsverhaltens wird die Durchblutung der Muskulatur und des Gehirns mit sauerstoffreichem Blut physiologisch optimiert. Aufgrund dessen erhöhen sich Muskeltonus und Konzentration. Dadurch gibt es ein geringeres Verletzungsrisiko, denn der erhöhte Muskeltonus schont die Gelenke und die erhöhte Konzentration führt zu einer verbesserten Wahrnehmung und Kognition.

Während der Ersatzjagd wird Dopamin produziert, das körpereigene „Glückshormon". Zudem führt die gleichzeitige Produktion des Appetit- oder auch Hungerhormon genannten Botenstoffs Ghrelin zu einer verstärkten Fokussierung auf die gemeinsame Jagd. Es ist also folgerichtig, dass das Suchen, Bejagen und Erbeuten des Preydummy® zur artgerechten Hundehaltung gehört.

In diesem Buch wird diesbezüglich auch die Verbindung hergestellt zu Erkenntnissen aus der Soziologie: Wie haben Mensch und Hund in der Anfangsphase der Domestikation symbiotisch, anhand von Synergien zueinander gefunden? Die jagdliche Zusammenarbeit der unterschiedlichsten Hundetypen/-rassen pädagogisch geschickt in die Erziehung zu integrieren, ist hierbei hervorragend gelungen. So liegt mit diesem Werk ein systemisch gut aufgebautes Buch vor.

Anti-Jagd-Training (Anti-Hund-Training) richtet sich gegen die Natur des Hundes, statt ihr zu entsprechen. Zusammenleben bedeutet zusammen Erleben, Mitarbeit, Mitfühlen, Mitdenken, Empathie und soziale Kompetenz. Deshalb wünsche ich diesem Buch großen Erfolg und Ihnen als Leser und Leserin ein erfülltes Miteinander mit Ihrem domestizierten „Beutelgreifer" Hund.

Jan Nijboer
Niederwambach, 23. Juli 2014

# Vorwort

Ich träume seit Jahren davon, etwas zu erfinden, was dem Hund einen tatsächlichen Ersatz zum selbstständigen Jagen bietet. Ich wünschte mir, ich könnte in einem Hund die Euphorie hervorlocken, die der Anblick eines Rehs oder Hasen verursacht, die Versunkenheit in die Fährte eines Wildes auslösen und den Hund zu der absoluten Zufriedenheit führen, die eine erfolgreiche Jagd für ihn bedeuten kann. Dabei als Team aktiv zu sein, im Einverständnis miteinander, in gegenseitiger Abstimmung von Mensch und Hund zu agieren, wäre fantastisch.

Doch es hat sich für mich herausgestellt, dass es nicht den einen Trick oder die eine Lösung für unsere jagdlich veranlagten Begleiter gibt, sondern dass wir uns dem Individuum Hund insoweit anpassen müssen, dass wir in der (als Ersatz) jagdlichen Auslastung flexibel, verständnisvoll und gewissenhaft auf seine Veranlagungen eingehen. Ich bin davon überzeugt, mit meinen Hunden den für uns bestmöglichen Weg gefunden zu haben, und möchte diesen an interessierte Leser weitergeben.

Es wurden schon mehrere Bücher zum Thema „Anti-Jagd-Training" geschrieben, in denen Ablenkung, Ersatz durch Futterspiele (Leckerchenbäume), Suche (zum Beispiel Dummys) oder der Einsatz von Meideverhalten auslösenden (aversiven) Trainingsmitteln (wie zum Beispiel Wurfschellen bei sichtbarer Reaktion auf Wild oder Spur) angeboten werden.

Ich möchte aber kein „Anti-Jagd-Training" beschreiben, sondern Verständnis wecken für den Jagdinstinkt unserer Hunde, für ihr komplexes Jagdverhalten und der dazugehörigen Kommunikation und Physiologie. Daraus resultierend ergibt sich, dass wir unsere Hunde als während der Jagd beeinflussbare, kommunikative Partner erkennen und somit miteinander (ersatz)jagen können.

In diesem Buch soll es nicht darum gehen, dem Hund das „Nicht-Jagen" schön zu füttern oder ihm Angst vor Maßregelungen im Ernstfall/Jagdfall einzuimpfen, sondern (Selbst-)Kontrolle über affektive Handlungen des Hundes zu erreichen.

Distanzkontrolle, Kommunikation, Frustrationstoleranz, Desensibilisierung (Gewöhnung) auf jagdliche Gerüche und Umgebungen, systematische Annäherung an jagdliche Reize unter Kontrolle und Kommunikation und gezielte Umlenksignale (Stopp mit gleichwertiger Ersatzhandlung) sind Teil der Jagdkontrolle. Gepaart mit einer ersatzjagdlichen Auslastung des Hundes (Mantrailing, Fährtenarbeit, Hetzjagd an der Reizangel, Treibball, Apportier- und Wasserarbeit, Feldsuche usw.) und der nötigen Konsequenz und erzieherischer Begrenzung können wir im täglichen Miteinander mit unserem Hund jagen, ohne zu wildern oder Jäger zu sein.

Wir benötigen nicht viel Zeit oder eine Menge Equipment, sondern Verständnis für das Tier an unserer Seite. Wir können Kreativität und Ehrgeiz entwickeln, um unsere Hunde zu zufriedenen Begleitern in allen Lebenslagen – auch in Wald und Feld – zu machen.

Das Spiel mit dem Ball, das Ausgraben von Mäusen auf einer Wiese, das Beobachten und Anschleichen an einen Vogel oder einen Spielgefährten entstammen ebenso dem komplexen Jagdverhalten unserer liebsten Beutegreifer wie das Hetzen von Hase und Reh. Warum aber gibt es Hunde, die bis zur körperlichen Erschöpfung einen Ball jagen würden, und andere, die sich desinteressiert an einem Ball zeigen?

Ich möchte in diesem Buch besonders auf die Unterschiede zwischen den einzelnen Hunderassen in Bezug auf ihr jagdliches Verhalten eingehen. Häufig werden Hunde nach ihrer Optik, Größe oder Felllänge ausgesucht und ihre rassetypische Veranlagung wird erst später erkannt. Frustration für beide Seiten ist die Folge. Wie wird aus einem Solitärjäger ein Teamplayer, wie aus einem ernsthaften Allrounder ein begeisterungsfähiger Spielpartner?

Ich habe die Rassen verschiedenen Hundetypen zugeordnet, die sich aus der ursprünglichen jagdlichen Verwendung ergeben (in Anlehnung an die Rasseeinteilung von Jan Nijboer) und nichts mit der Rasseeinteilung der FCI zu tun haben. Die Hundetypen werden anhand mehrerer Rassen beispielhaft beschrieben und ihr Jagdverhalten, die sich daraus ergebende Kommunikation und Auswirkungen auf das Sozialverhalten sowie die Entwicklungsmöglichkeiten hin zu einem starken Mensch-Hund-Team werden erläutert. Praktische Tipps und Anleitungen für das gemeinsame Training komplettieren dieses Buch.

Ich hoffe, dass dies den interessierten Hundehalter enger mit seinem Begleiter Hund zusammenbringt, Freude an den Fähigkeiten des Hundes schafft und zu einer intensiven Beschäftigung miteinander führen kann.

# Raubtier oder Beutegreifer?

Der Begriff „Raubtier“ ist kulturgeprägt: Jede Spezies, die dem Menschen Jagdbeute oder domestiziertes Tier streitig machte, erhielt den Titel „Raubtier“. Letztendlich werden fast alle Nahrungskonkurrenten um fleischliche Nahrung durch den Menschen als „Raubtier“ tituliert, andere Tiere sind „Schädlinge“, Wildpflanzen „Unkräuter“. Dies lässt erahnen, mit welchem Selbstverständnis die Menschen der Natur begegneten und begegnen: Das Tier als Konkurrent, der Mensch im Selbstbedienungsmodus an der reichen Natur.

Religionen, die den Menschen als Krone der Schöpfung feiern, zementieren die Unterordnung der Natur und ihrer Kreaturen, der Beutegreifer wird zum Räuber. Fleischfressende Säugetiere – Carnivoren (Carne = Fleisch) – sind entweder Jäger lebender Beute oder Aasfresser. Auch Greifvögel sind Beutegreifer, werden jedoch seltener als Konkurrenten um Nahrung angesehen und so wird der Begriff Greifvogel neben dem Begriff Raubvogel geführt und gezähmte (nicht domestizierte!) Vögel werden in der Beizjagd auf Federwild und Niederwild eingesetzt. (Fuchs, Marder, Dachs, Wildschwein, Eichhörnchen, Ente, Taube, Fasan usw. durften vom Landvolk bejagt werden, daher Niederwild; Reh, Hirsch usw. nur vom Adel, daher Hochwild.)

Der domestizierte Hund wird in Form einiger Rassen auf ehemalige Nahrungskonkurrenten, also Raubtiere, „angesetzt“. Die Rassenamen zeugen noch heute davon (wie Saupacker, Dachshund, Wolfshound) und machen uns bewusst, welche Vergangenheit unsere Hunderassen haben und welche Aufgaben ihnen zugedacht waren.

*Der Wolf ist ebenso wie der Hund ein Beutegreifer und kein Raubtier.*

*Auch Hunde greifen ihre Beute – wie in diesem Fall einen mit Futter gefüllten Leinenbeutel.*

Jagdliche Fachausdrücke in Bezug auf Hundeverhalten oder -Veranlagung wie „Raubzeugschärfe" beschreiben den Umgang mit dem gestellten Wild: Raubzeugscharfe Terrier (wie der Deutsche Jagdterrier) greifen ohne Rücksicht auf die Gefahr für ihr eigenes Leben auch deutlich größere Tiere wie etwa einen Dachs oder ein Wildschwein an. Die Veranlagung dieser Rassen ist über Jahrhunderte durch Selektion verstärkt und verankert worden. Erst in unserer heutigen Zeit veränderte sich bei vielen Menschen der Blickwinkel: Wer möchte schon sein Leben mit einem Tier teilen, das andere tötet?

Aus dieser Sicht wird der Hund vom Beutegreifer, der seine Menschen bei der Jagd unterstützte, zum Raubtier. Immer häufiger wird der einerseits so geliebte Gefährte des Menschen vor den Zerrspiegel der Menschheit gehalten und es erscheint ein Bild vom alles mordenden Raubtier, das aus reiner Lust am Töten Leben nimmt, verletzt, zerstört.

## Menschliche Betrachtungsweise

Grundsätzlich lässt sich keine einheitliche Sicht des Menschen auf die Spezies Hund finden. Selbst in einem enger gefassten Kulturraum werden wir unterschiedlichste Meinungen zum Thema Hundehaltung finden. Woran liegt das?

Der Hund ist wie kein anderes Tier Projektionsfläche für menschliche Bedürfnisse, Befürchtungen, Vorurteile, Erwartungen und Zielsetzungen. Kein anderes Tier lebt so eng mit uns zusammen wie der Hund, kein anderes Tier begleitet uns so zuverlässig von Wohnort zu Wohnort, Partnerschaft zu Partnerschaft, im Urlaub, zur Arbeit und zum Sport. Und von keinem anderen Begleiter erwarten wir so viel und sind uns dessen so wenig bewusst.

Wir glauben dem Hund durch Freilauf ohne Leine Freiheit zu schenken, pfeifen ihn jedoch, sofern dies möglich ist, zurück, sobald er endlich etwas gefunden hat, was sein Interesse weckt. Das Reh, der Hase, der Menschenkothaufen, der verhasste Nachbarrüde oder der Fußball der tobenden Kinder stellen für uns keine adäquaten Ziele unseres Hundes dar. Ist das Freiheit?

Wir Menschen erwarten den moralisch versierten Hund, der unsere postmodernen Rechts- und Unrechtsideen adaptiert und besser umsetzt als wir selbst. Warum nur verlangen wir dem Hund mehr ab als uns selbst? Wir wissen, dass unser Bedürfnis nach täglichem Fleischverzehr die Massentierhaltung fördert, unsere Konsumlust die Meere in eine wässrige Plastiktüte verwandelt und wir schaffen es trotz Aufklärung nicht, unsere Kleidung von Firmen zu kaufen, die ihre Mode nicht in Ländern, in denen Kinderarbeit und schlechteste Arbeitsbedingungen herrschen, herstellen.

Aber unsere Hunde sollen wissen, was eklig, verwerflich, unrecht ist. Und wenn dies wider Erwarten nicht so ist, werden diverse Erziehungsmethoden oder Tricks bemüht, um das gewünschte Zielverhalten bei unserem Partner Hund auszulösen. Um wen geht es dabei? Nicht selten nur um menschliche Zielsetzungen, trotzdem der Hund von ganzem Herzen geliebt wird. Dabei könnte es so einfach sein.

Wenn wir Menschen unsere Erwartungen an den Hund dahingehend verändern, dass wir wirklich nur „Hund-Sein“ vom Hund erwarten, und wenn wir uns fragen, warum der Hund so ist, wie er nun mal ist, dann können wir uns damit beschäftigen, ihn in unser Leben zu integrieren – zu seinem und unserem Vorteil – und ihm das Leben anzubieten, das er verdient, das zu ihm passt und das auch uns Menschen mit Freude erfüllt.

*Menschen wünschen sich einen Hund als Familienmitglied. Der Hund wünscht sich Struktur, Sicherheit und Aufgaben.*

Die meisten Menschen lieben ihre Hunde, sehen in ihnen jedoch nicht den sozial organisierten Beutegreifer Hund, der strukturiert mit seinem Rudel sein Leben gestaltet, jagt, ein Territorium besetzt und verteidigt und Welpen großzieht, sondern nur einen winzigen Teil der Komplexität: ihre eigene Projektion. Der Hund erfüllt unsere Hoffnungen und Wünsche, soll unsere Träume leben: angstfrei, sorgenfrei, freizügig, infantil verspielt, stressfrei und unerfüllt, langweilig und zutiefst „unhundig".

Eine andere Sichtweise des Tieres Hund finden wir unter Jägern, denen zumindest der Jagdinstinkt des Beutegreifers Hund nicht fremd und abwegig, unzivilisiert und bedrohlich erscheint. Dennoch kann auch das Leben eines Jagdhundes bei einem Jäger wenig artgerecht sein, sollte er im Zwinger mit wenig Sozialkontakten gehalten oder in der jagdlichen Ausbildung mit Gewalt und Zwängen konfrontiert werden. Zudem ist es für Hunde wenig erfüllend, wenn sie ab und zu ihren jagenden Menschen auf eine Jagd begleiten dürfen, stundenlang unter dem Hochsitz liegen, eine Nachsuche machen und dann für Wochen wieder ein unerfülltes Dasein fristen.

Darf ein Hund jedoch täglich seinen Menschen durch das Revier begleiten, regelmäßig ernst zu nehmende jagdliche Aufgaben erfüllen, auch wenn dies „nur" zu Übungszwecken erfolgt, und ist seine jagdliche Ausbildung mit Einsicht und nicht mit Zwang erreicht worden, ist er Teil der Familie. Und hat er nicht nur Pflichten, sondern auch Rechte, dann hat er wahrscheinlich das große Los gezogen. Leider ist der Jagdhund für viele Jäger zwar ein Jagdgehilfe, aber er hat keine Rechte an dieser Jagd.

Es ist selbstverständlich, dass ein Jagdhund die Beute, die er mit seinem Menschen gemacht hat, nicht „anschneiden" (anbeißen) darf, sondern nur mit „weichem Maul" apportieren. Die Hunde werden also an einer Jagd beteiligt, haben aber keine Erfüllung davon. Es wird ein striktes Beutetabu umgesetzt, das bei vielen Hunden große Frustration auslöst. Ich möchte mich dafür einsetzen, diesen Hunden mit dem Futterbeutel nach der erfolgreichen Jagd für die Menschen eine erfolgreiche Jagd für den Hund mit anschließendem Fressen aus dem Futterbeutel anzubieten – zum seelischen Wohl der Hunde und auch als Erfolgserlebnis für den Jäger, der einen zufriedenen und zuverlässigen Hund führt.

Da wir ja nun nicht alle Jäger oder Förster werden wollen und können, die Hunde von uns durchschnittlichen Hundehaltern Instinkte und Veranlagungen mitbringen, die meisten Hunde sehr wohl einen funktionierenden Jagdinstinkt haben und sich auch sonst wie echte Beutegreifer verhalten, können wir unsere Kreativität und Energie darauf verwenden, einen Weg zur artgerechten Haltung und zum Schutz der uns umgebenden Natur und Lebensräume zu finden, die unseren Hund fördert und nicht schadet.

Wie lernt ein Hund in einer natürlichen Lebenssituation, also mit seiner Hundegruppe, was er für sein Hundeleben braucht? Was können wir daraus lernen, um unserem Hund ein artgerechtes Leben an unserer Seite zu ermöglichen mit dem Freiraum, sein natürliches Verhaltensspektrum leben zu dürfen, ohne dass wir wildernde Hundescharen in Parks, Grünflächen und andere Naturräume entlassen?

## Biologische Betrachtungsweise

Hunde sind mit ihrem Ahnen Wolf bis heute nahe verwandt. Genetisch gesehen gleichen sie sich zu über 98 Prozent. Trotzdem Hund und Wolf sich meist nicht mehr ähnlich sehen, teilen sie sich eine gewisse „Grundausstattung“: Sie sind Beutegreifer, die in einer strukturierten sozialen Gruppe leben, jagen und Nachwuchs aufziehen. Ihre Kommunikation, ihr Sozialverhalten und ihre Bedürfnisse sind vergleichbar.

Vereinfacht könnte man sagen, dass ihr natürliches Verhaltensrepertoire auf vier Instinkten beruht, die in unterschiedlich ausgeprägter Intensität jedem Beutegreifer eigen sind. Sie stellen eine Art Motor dar, der das Individuum in bestimmten Bereichen leitet, um sein Überleben, seine Sicherheit und seine geistige, körperliche und seelische Unversehrtheit zu schützen.

*Entspannung finden Wolf und Hund nach der Jagd nur, wenn sie sich an einen sicheren Ort zurückziehen können.*

Der Territorialinstinkt beinhaltet das Bedürfnis nach einem sicheren Umfeld, in dem man schlafen und Nachwuchs aufziehen kann. Nur wenn die körperliche Unversehrtheit in einem sicheren Lebensumfeld gegeben ist, kann sich ein ausgeglichenes soziales Leben (Sozialinstinkt) entwickeln.

Der Sozialinstinkt bewirkt auch, dass in einer sozialen Gruppe Hemmungen bestehen, dem Sozialpartner Schaden zuzufügen. Es gibt Arten, die sich nur in eine Partnerschaft begeben, um Nachwuchs zu zeugen und sich danach trennen (zum Beispiel Bären oder Tiger) oder sich während der Zeit der Aufzucht des Nachwuchses zusammentun, um danach wieder getrennte Wege zu gehen (die meisten Vögel), sich eventuell Jahr für Jahr wieder treffen (Störche) und sich lebenslang „treu" sind.

Dauerhaft in einer sozialen Gruppe zusammenzuleben, fordert von den einzelnen Individuen, sich sozial verhalten zu können. Das ist eine der großen Gemeinsamkeiten von Mensch, Wolf und Hund. Man findet unter diesen sozial hoch entwickelten Lebewesen auch altruistisches (gemeinnütziges) Verhalten, soziale Hemmungen gegenüber dem eigenen Nachwuchs (Kindchenschema) und sogar abgeschwächte soziale Hemmung gegenüber fremdem Nachwuchs (einige Tiere nehmen sogar fremde Jungtiere anstelle ihrer eigenen an).

Der Sexualinstinkt bedarf hier sicher keiner Erklärung, eventuell jedoch die Tatsache, dass in einer hierarchisch organisierten Gruppe (Hund, Wolf) eine sexuelle Hemmung der rangniederen Tiere beobachtet werden kann. Nur die ranghöchsten Tiere pflanzen sich fort. Selten findet man in einem Wolfsrudel Würfe zweier Fähen. Die meisten Wolfsrudel bestehen aus einem organisierten Familienverband aus Eltern, Welpen und Jungtieren verschiedener Jahrgänge. Der Jagdinstinkt sichert das Auskommen der Tiere. Uns stellt sich jedoch die Frage, warum auch satte Hunde jagen.

Der Wolf ruht nach einer Jagd mit anschließend sättigendem Fressen. Wahrscheinlich stellt es für uns Menschen die größte Herausforderung dar, den Jagdinstinkt unserer Hunde zu verstehen und zu tolerieren, mehr noch ihn zu fördern und zu moderieren, um eine positive Kontrolle zu erlangen – zu beiderseitiger Zufriedenheit.

# Jagd

Als Jagd bezeichnet man das Aufsuchen, Nachstellen, Fangen und Erlegen von Beutetieren. Die menschliche Jagd diente ursprünglich der Beschaffung von Nahrung, aber auch der Versorgung mit Rohstoffen, zum Beispiel Knochen, Fellen und Häuten, um Kleidung und andere Gegenstände herzustellen. Die Trophäenjagd als Darstellung der eigenen Kompetenz, Stärke und Position findet sich übergreifend in vielen Kulturen. Die Adlerfeder oder das Leopardenfell als Häuptlingsschmuck sind uns ebenso bekannt wie das Bärenfell vor dem Kamin, das ausgestopfte Tier oder der Ferrari in der Garage. Der Schmuck durch eine Trophäe zeugt von der Stärke und kennzeichnet den hohen sozialen Rang des Trophäenträgers. Gekaufte Trophäen sind ein Auswuchs unserer modernen Konsumgesellschaft.

Die Individualisierung der Gesellschaft und das Bedürfnis „etwas Besonderes" sein zu wollen und das unglaublich große Gefälle in Bezug auf Einkommen und sich daraus ergebenden Möglichkeiten im Erwerb von Wohlstand fördern die Trophäenjagd und die Suche nach „dem Kick". Vielen Menschen dient die Jagd

*Auch heute noch dient die Jagd bei Naturvölkern ausschließlich der Beschaffung von Nahrung und Rohstoffen.*

als Ausgleich zu ihrem sehr regulierten und geordneten, stressreichen und angespannten Arbeitsleben und ermöglicht es, wieder Bodenhaftung zu erlangen, zu sich selbst zu kommen, sich aufs Wesentliche zu reduzieren und Erfolgserlebnisse wahrhaft zu spüren.

Wenn Beutegreifer auf die Jagd gehen, geht es nicht um Trophäen, sondern darum, sich mit Nahrung zu versorgen. Doch ist dies nicht der einzige Motor für den Beginn einer Jagd. Warum sonst können unsere satt gefütterten Hunde einem flüchtenden Reh nur schwer widerstehen? Die Ausschüttung von Adrenalin und anderen Hormonen verursachen einen „Kick“, der süchtig machen kann und auch eine erfolglose Jagd zu einem emotionalen Spektakel werden lässt.

Unbestritten ist die Tatsache, dass Jäger gern jagen sowie Freude an der Natur und ihrer Erlebniswelt haben. Die nachhaltige Nutzung einiger Tierarten unter Berücksichtigung der Sozialstruktur (Schonzeiten für tragende und säugende Tiere), die Förderung der frei lebenden Tierwelt durch Schutz und Erhaltung eines artenreichen und gesunden frei lebenden Wildtierbestandes (Hege), die Vermeidung von Wildschäden in Land-, Forst- und Fischereiwirtschaft und die Regulierung überhöhter Wildbestände stellen dem Individuum übergeordnete Ziele der Jagd in unseren Breitengraden dar.

## Die Geschichte der Jagd und der Jagdhundezucht

Die Menschen der Steinzeit waren Jäger und Sammler. Die Jagd stellte die einzige Möglichkeit dar, sich mit ausreichend Eiweißen und Fetten zu versorgen, um dem Energiebedarf der Menschen gerecht zu werden. Die evolutionäre Entwicklung des menschlichen Gehirns war maßgeblich abhängig von der regelmäßigen Nährstoffversorgung durch hochpotente Nahrungsmittel. Durch die Zubereitung von Mahlzeiten, also der Nutzung des Feuers, wurden die Nährstoffe der Nahrung für den Menschen besser verfügbar, da das Essen leichter verdaulich wurde.

Es ist also leicht nachzuvollziehen, dass die Jagd einen sehr hohen Stellenwert im Leben der steinzeitlichen Menschen einnahm und in Mythen und Religionen, Kunst und Kult gewürdigt wurde. Hunde begleiteten den Menschen schon in der Jungsteinzeit zur Jagd, wobei nicht zu belegen ist, ab wann man das erste Mal von domestizierten Hunden sprechen kann. Älteste Knochenfunde von Wölfen mit Domestikationsmerkmalen (veränderte Schädelform mit verkürztem und verbreitertem Fang) stammen aus dem Altaigebirge und sind auf 33.000 Jahre v. Chr. zu datieren. Anhand von DNA-Tests kann man davon ausgehen, dass die Domestizierung der Haushunde im südlichen China seinen Ausgang nahm, denn nur an den dort entstandenen Hundetypen lassen sich alle genetischen Merkmale aller Hunde weltweit nachweisen. Die Ausbreitung und Spezialisierung der Hundetypen und -rassen hat also von dort aus stattgefunden. Um 14.000 v. Chr. lassen sich Haushunde sicher in Mitteleuropa nachweisen, die zu der Zeit sowohl als Jagdhelfer dem Menschen zur Seite standen wie auch als Nahrungslieferanten dienten.

*Je nach Verwendung unterscheiden sich unsere Hunde mehr oder weniger stark von ihren Vorfahren.*

Die Spezialisierung der Hundetypen ergab sich durch die veränderten Aufgaben durch die Domestizierung anderer Haustiere (Schafe und Ziegen ab etwa 11.000 v. Chr.). Die Entwicklung von spezialisierten Jagdhunden, Herdenschutzhunden, Hütehunden und Hofhunden ist verknüpft mit der Veränderung der menschlichen Gesellschaft.

Die ersten Hunde unterschieden sich optisch noch nicht sehr vom Wolf. Das Verhalten ähnelte dem kindlicher (infantiler) Wölfe. Sie schlossen sich dem Menschen an und begleiteten ihn auf der Jagd. Der Hund war und ist dem Menschen auf olfaktorischer (geruchlicher) Ebene weit überlegen, der Mensch ist dem Hund jedoch durch den Gebrauch von Waffen bei der Tötung der Beutetiere mehr als ebenbürtig und so übernahmen die Hunde das Aufspüren und Hetzen von Wild und der Mensch den gefährlichen Akt der Tötung der Beutetiere, der in einer Gruppe gemeinschaftlich jagender Beutegreifer den erwachsenen und erfahrenen Tieren obliegt.

Im Zeitraum zwischen 14.000 und 7000 v. Chr. lassen sich in Vorderasien und Mitteleuropa sicher Hunde nachweisen. Die Hunde dieser Zeit waren zwischen 40 und 60 cm groß, also deutlich kleiner als ein Wolf. Wodurch diese Verkleinerung stattgefunden hat, ist nur zu mutmaßen. Wahrscheinlich ist Inzucht der Motor der rassespezifischen Entwicklung. Der Genpool an domestizierten Wölfen dürfte so klein gewesen sein, dass sie in nahen Verwandtschaftsgraden miteinander vermehrt wurden.

Wie wir aus der sogenannten „Linienzucht" (Inzucht) von Rassehunden wissen, etabliert die inzestuöse Vermehrung zwar bestimmte Merkmale, kann aber auch zu Missbildungen führen. Je näher der Verwandtschaftsgrad zweier Individuen ist, desto höher ist die Wahrscheinlichkeit, dass sie bestimmte Merkmale reinerbig vererben (homozygot). Aber rezessiv (mischerbig) veranlagte Erbkrankheiten werden bei der Vermehrung zweier genetisch sehr ähnlichen Genotypen häufiger auftreten als bei zwei sehr unterschiedlichen (nicht verwandt, größere Unterschiede in den Chromosomensätzen). Das bedeutet, dass die Veranlagung zu einer geringeren Körpergröße, Schlappohren, kurzen Beinen usw. eventuell rezessiv vorhanden war und nur durch die Inzucht genetisch fixiert wurde.

Eine andere Möglichkeit wäre, dass diese Erscheinungsformen auch bei Wölfen auftreten, diese Tiere aber keine Überlebenschance haben und sich so nicht weiter vermehren können. Der Wolf in seiner für den Landstrich üblichen Optik und genetischen Ausprägung ist der bestmögliche Wolf. Die anderen überleben nicht. Daraus ergibt sich aber die Frage, warum die früh domestizierten Hunde noch sehr wolfähnlich aussahen und in relativ kurzer Zeit unterschiedlichste Hundetypen entstehen konnten.

Ich kann nicht beurteilen, ob Inzucht oder Selektion (nur die „passenden" Tiere wurden weiter vermehrt) für die Hund- und Rassewerdung verantwortlich ist. Ich vermute, dass beides Einfluss hatte. Festzuhalten ist, dass die Hunde sich mit der Kultur des Menschen entwickelten. Mit der Veränderung der Jagdmethoden und der Spezialisierung der Hundetypen auf bestimmte Aufgaben veränderten sich auch die Optik und die jagdliche Veranlagung. Es bleibt auch die Frage, wie die Menschen es anstellten, dass Wölfe sich über die Pubertät hinaus ihnen anschlossen. Aus den heutigen Tierparks ist bekannt, dass sogar handaufgezogene Wölfe mit Beginn der Pubertät wieder „wildes Verhalten" zeigen. Ebenso ist es mit vielen anderen Beutegreifern.

*Der Deutsch Drahthaar gehört zu den jüngsten Hunderassen, die speziell für die heutige Jagd gezüchtet wurden.*

Die Möglichkeit der Einflussnahme auf Beutegreifer ist im Erwachsenenalter auf „Dressur“ beschränkt. Die Löwen im Zirkus respektieren die Peitsche und die Futtergabe, tolerieren den Dompteur, aber sie gehen keine echte soziale Beziehung mit ihm ein. Ein Löwe weiß, dass er Löwe ist und der Mensch ein Mensch. Hunde bilden jedoch mit uns einen Familienverband. Wie hat der Mensch es geschafft den Wolf davon zu überzeugen, sich in der Pubertät nicht abzuwenden und wieder zu verwildern? Letztendlich können wir dazu nur Mutmaßungen anstellen und uns daran erfreuen, dass es den steinzeitlichen Menschen gelungen ist, besonders flexible, wenig ängstliche Wölfe an sich zu binden und so die Hundwerdung möglich zu machen.

Von den ersten domestizierten Hunden zu der Aufspaltung in große, starke, doggenartige Jagdhunde und Herdenschutzhunde einerseits und den leichtfüßigen, schmalgliedrigen Windhundtypen andererseits ist viel in der menschlichen Kultur passiert. Die Sesshaftwerdung und die Entwicklung einer „Jagdkultur“ brachten diese spezialisierten Hundetypen hervor. Bracken und sich daraus entwickelnde Stöberhunde entstanden ebenfalls vor dem Einsatz von Schusswaffen. Solitärjäger und daraus entstandene Gesellschaftshunde waren schon 2000 v. Chr. bei den Phöniziern bekannt und verbreiteten sich von den Häfen aus in der mitteleuropäischen Welt. Hütehunde entstanden erst im Mittelalter, als sich die Schafzucht zur Wollgewinnung stark ausbreitete, um die entstehenden Städte mit Stoffen zu versorgen. Vorstehhunde stellen bei den Jagdhunden den jüngsten Hundetyp dar, da sie erst mit dem Gebrauch von Schusswaffen „nötig“ wurden. Vorher wurde mit Bracken und Stöberhunden, Saupackern, Windhunden und Solitärjägern gejagt.

## Der Hund als Jagdhelfer

Davon ausgehend, dass der Wolf sich den menschlichen Behausungen zuallererst näherte, um die dort vorkommenden Nahrungsressourcen wie Knochen, Nahrungsreste und Exkremente aufzunehmen und sich so im Laufe der Zeit „selbst domestizierte“ und zum „Hauswolf“ (nach Erik Zimen) wurde, ergibt sich die Aufgabenteilung von Mensch und Hund als gegenseitige Jagdhelfer erst später. Es wäre denkbar, dass die extrem große Distanz, die Wölfe gegenüber Menschen wahren, sich erst später aufgrund der intensiven Bejagung durch die Menschen ergeben hat.

Wenn man bedenkt, dass die Domestizierung erster Grasfresser in Mitteleuropa ungefähr vor 11.000 Jahren ihren Anfang genommen hat, die „Hundwerdung“ des Wolfes aber viel weiter zurückliegt, dann könnte es tatsächlich sein, dass sich die ersten Wölfe den Menschen leichter als in späterer Zeit angeschlossen haben, da sie noch nicht als Gefährdung des Viehs angesehen und somit weniger bejagt wurden. Dennoch stellten die Wölfe eine Nahrungskonkurrenz des eben-

*Bis heute sind Hunde auf der ganzen Welt wertvolle Helfer bei der Jagd.*

falls jagenden Menschen dar und man kann davon ausgehen, dass Wölfe und Hunde auch eine Nahrungsressource für den Menschen waren. Im Ostseeraum wurden Hundeknochen aus dem 6. Jahrtausend v. Chr. gefunden, die Spuren von Nahrungsbearbeitung aufweisen.

Es lässt sich nur darüber spekulieren, wer wen zuerst zur Jagd begleitete: Der Mensch, der dem Hund auf seiner Spur folgte und ihn von der Beute vertrieb, oder der Hund, der dem Menschen im gleichen Interesse folgte und dem die Reste der erlegten Beute überlassen wurden. Sicher ist, dass die Menschen, bei deren Lager sich Wölfe aufhielten, einen Vorteil gegenüber anderen hatten: Die Wölfe vertilgten Nahrungsreste und vermutlich auch Ratten und Mäuse und hielten so Krankheitserreger und -überträger in Schach. Sie warnten vor Fremden, die sich dem Lager näherten, und begannen sicherlich nach Überwindung der Fluchtdistanz auch ihre Ressourcen gegenüber Fremden zu verteidigen. Das Bellen unserer heutigen Hunde ist Wölfen nicht eigen. Den Menschen brachte aber die Lautäußerung ihrer Siedlungsbegleiter Sicherheit und somit einen entscheidenden Vorteil im Überlebenskampf. Daher wurden besonders „laute" Hunde bevorzugt behandelt und vermehrten sich.

Die Menschen der Jungsteinzeit waren Jäger und Sammler. Ein großer Teil des Tages wurde dazu verwandt, Nahrung zu suchen und zu jagen. Hierbei teilten sich die Familien die Aufgaben, ähnlich wie es in einer Wolfs- bzw. Hundegruppe der Fall ist: Ein Teil der Sippe blieb im Lager, versorgte die Kinder und schützte die Habe und das Feuer, der andere Teil ging auf die Jagd oder sammelte Nahrung. Jedes Familienmitglied wurde gemäß seiner Fähigkeiten (Kraft, Ausdauer, Geschick, Spuren lesen, Erfahrung) eingesetzt.

In einem Wolfsrudel bleibt die Fähe eventuell bei den Welpen, sofern diese noch gesäugt werden, ansonsten begleitet sie als erfahrene Jägerin die jagenden Tiere und die Jungtiere bleiben bei der Wurfhöhle. Auch bei den vierbeinigen Beutegreifern entscheidet die Eignung über die Aufgabe, die das Individuum erfüllt. Die Überlegenheit der Hunde bei der Spurensuche, ihre Schnelligkeit und Ausdauer verschafften den Menschen klare Vorteile bei der Jagd gegenüber Menschengruppen, die ohne Hunde jagten. Und der Hund profitierte von den Waffen des Menschen, die es ihnen ermöglichten, auch größere Beutetiere mit weniger Risiko zu töten.

### FREIWILLIGE PARTNERSCHAFT

*Wer immer also den Anfang machte, um den anderen auf die Jagd zu begleiten: Es war ein freiwilliges und für beide Seiten ertragreiches Unterfangen! Mensch und Hund sind sich in ihren Bedürfnissen nach Sicherheit, sozialer Geborgenheit, persönlicher Entfaltung und Entwicklung in ihrem sozialen System sehr ähnlich. Dies hat sie zusammengeführt und zu Partnern gemacht.*

## Spezialisierung der Hunderassen

Ein Rudel besteht, genau wie eine Familie, aus mehreren Individuen. Selbst wenn diese Individuen miteinander verwandt sind und sich ähnlich sehen, unterscheiden sie sich doch deutlich in ihrer Persönlichkeit und ihren Begabungen. Nur so kann eine hierarchische Struktur entstehen, die es der Gruppe ermöglicht, sich optimal an ihre Lebensbedingungen anzupassen.

Auch in der menschlichen Gesellschaft gibt es Spezialisten und wenige Universalgenies. Handwerker sind ebenso Spezialisten wie Ärzte, Lehrer und Bauern. Sie tun, was ihnen liegt, was ihnen leichtfällt und hoffentlich Spaß macht. Und ebenso finden sich unter Hunden eines Rudels Begabungen und Veranlagungen, die sie zu Spezialisten machen.

Die ersten Hunde sahen dem Wolf noch sehr ähnlich, aber den Menschen entgingen die kleinen Unterschiede zwischen den Tieren nicht: Auch wenn das Leittier der Gruppe die Jagd anführte, waren es doch immer wieder die gleichen Tiere, die zuerst eine Fährte aufnahmen, andere Tiere taten sich beim Hetzen des Wildes hervor, weil sie etwas schneller als die anderen Gruppenmitglieder waren und nur die erfahrensten und entschlossensten töteten die größeren Beutetiere.

Diese unterschiedlichen Begabungen machten sich die Menschen zunutze und sie begannen mit der Zucht von bestimmten Hundetypen. Dabei ging es nicht um äußerliche Merkmale, sondern um den Fortbestand bestimmter Veranlagungen. Die optische Veränderung der Tiere ging mit der Kreuzung ähnlich veranlagter Tiere einher: Die schnelleren Tiere zeichneten sich durch einen leichteren Körperbau aus und dies wurde durch die fortschreitende Kreuzung der Tiere zu einem herausragenden Merkmal.

Eine weitere Beeinflussung der äußerlichen Merkmale entstand sicher durch Inzucht, da der Genpool der domestizierten Hunde nicht sehr groß war. Als Domestizierung bezeichnet man das Halten von Wildtieren in Isolation von natürlich lebenden Artgenossen über mehrere Generationen und die sich daraus ergebenden Merkmalsveränderungen. Domestizierte Tiere weisen ein bis zu 34 Prozent kleineres Gehirn auf als ihre Wildartverwandten. In der Nutz- und Haustierhaltung werden bestimmte Gehirnleistungen oder körperliche Merkmale überflüssig, dass heißt, ihr Nichtauftreten führt nicht mehr zum Nachteil für das Individuum, da sie in der domestizierten Form weniger Gefahren ausgesetzt sind.

Domestizierte Tierarten (Hund, Schaf, Ziege, Rind, Katze, Pferd) haben zum Beispiel ein verändertes Gebiss, weniger Fell, Hängeohren, kurze Beine, kleinere Hörner oder weniger Sinnesleistung. Ihre Fluchtdistanz ist auf der anderen Seite geringer, sie sind weniger aggressiv und ihre Veränderung vom juvenilen Stadi-

*Dieser Australian Shepherd zeigt das für Hütehunde typische Fixieren der Beute. Ein derart „bunter Hund" würde von Wildtieren allerdings frühzeitig gesichtet werden.*

um zur Adoleszenz ist weniger extrem ausgeprägt als bei der Wildform. Selbst handaufgezogene Wölfe werden in der Pubertät wieder skeptisch und zum Teil „handscheu“, sind weniger zugänglich und beinflussbar als Hunde.

In der Spezialisierung der Hunde finden sich sehr früh sehr schlanke, hochbeinige und schnelle Hundetypen, die wir heute als „Windhunde“ kennen. Die Germanen, Ägypter (Pharaonenhund), Perser, Römer, Assyrer kannten bereits die leichten und schnellen Windhundtypen und die schweren, molossoiden Doggentypen. Die schweren Hunde wurden eher zur Suche und zur direkten Auseinandersetzung mit dem Wild, zum Beispiel Wildschweinen, eingesetzt und die Windhunde zum Hetzen. Zudem kannten bereits die Assyrer, Ägypter und Römer kleine „Gesellschaftshunde“, die zwar auch Mäuse jagten, aber ebenso eine soziale Aufgabe als Begleiter und Kuscheltier hatten.

Diese kleinen Hundetypen sind fast ausnahmslos aus der Notwendigkeit entstanden, dass der Getreideanbau betreibende Mensch sich vor Ratten und Mäusen schützen musste. Eine übermäßige Nagerpopulation bedrohte durch Vernichtung der Ernte und die Verbreitung von Krankheiten die menschlichen Zivilisationsbemühungen und so war es nicht verwunderlich, dass kleine, Nager vertilgende Hunde schnell Einzug auf den Höfen der sesshaften Bauern Einzug hielten. In den Häfen wurde Getreide gelagert, um verschifft zu werden, und in diesen Speichern waren entweder Katzen oder Solitärjäger für die „Hygiene“ verantwortlich. Die kleinen Hunde sind effektiver als eine Katze und so breiteten sie sich schnell aus.

Im antiken Griechenland wurden die Jagdhunde hoch geschätzt und Alexander der Große benannte eine Stadt nach seinem geliebten Hund Peritas. Er soll ihm in einer Schlacht das Leben gerettet haben. Es ist anzunehmen, dass dieser Hund ein Molosser, also ein doggenartiger Hund war, der sowohl zur Jagd als auch im Krieg eingesetzt wurde.

## Physiologie der Jagd

Physiologie beschreibt die physikalischen und biochemischen Vorgänge in Zellen, Geweben und Organen eines Lebewesens. Das Zusammenwirken beispielsweise von Hormonen und deren Auswirkungen auf den gesamten Organismus (wie Muskulatur und Herzrhythmus) und die aus der Messung der Hormonausschüttung abgeleitete Vorhersage einer zu erwartenden Reaktion sind das Ziel der zoologischen Physiologie. Vereinfacht könnte man sagen: Wenn ein bestimmter Hormoncocktail auf einen Organismus einwirkt, verändern sich die Herzfrequenz, der Muskeltonus und die Wahrnehmung der Umwelt dahingehend, dass das Individuum im Vergleich zur Normalsituation nicht standardisiert reagieren kann.

*Nach erfolgreicher, gemeinsamer Jagd nach dem Futterbeutel öffnet der Mensch diesen und hilft so seinem Hund, an das Futter zu kommen.*

Wenn mein Hund also „normalerweise" gut zurückrufbar ist und dafür ein Leckerchen bekommt, so kann es sein, dass aufgrund der Hormonausschüttung im Angesicht eines Rehs die Spannung und Wahrnehmung so verändert ist, dass der Mensch und das Leckerchen ihre Wichtigkeit eingebüßt haben.

In diesem Buch soll es darum gehen, diese Physiologie der Jagd zu unterbrechen, sozusagen zwischen den Hund und seinen Adrenalinkick zu kommen und zu erreichen, dass unser Hund für uns ansprechbar bleibt und offen ist für ein Angebot zur Ersatzjagd. Kontrolle über das Jagdverhalten seines Hundes kann nur erreichen, wer geduldig an der „Ansprechbarkeit" seines Hundes arbeitet, ihm adäquaten Jagdersatz anbietet und die Bedürfnisse und Begabungen seines Hundes in die Erziehung einbezieht (siehe „Jagdkontrolle in der Erziehung").

## Adrenalin und der „Kick"

Wir Menschen haben im Allgemeinen eine recht genaue Vorstellung davon, wie wir in „grauer Vorzeit" gelebt haben: Die Neandertaler sind uns in der Schule mehr oder minder interessant vorgestellt worden, die Kulturen der Jäger und Sammler, unser Abstieg aus den Kronen der vorzeitlichen Bäume auf den menschlichen Boden der aufrechten Tatsachen ist uns bekannt. Wir wissen, dass unser Gehirn, seine Leistungsfähigkeit, seine Kapazität und Komplexität uns von den Tieren zu unterscheiden scheint. Doch was verbindet uns? Uns und den Neandertaler, uns und die anderen Säugetiere, uns und die anderen Jäger und Sammler (Allesfresser: Mensch, Schwein, Affe)?

Wir alle funktionieren immer noch und fortdauernd in ähnlichen Stoffwechseln. Allesfresser wie wir können sowohl Jäger als auch Gejagte sein. Wir verfügen über ein ausgeklügeltes System der Verdauung, Durchblutung, Verbrennung und Atmung, das sich im Normalzustand in einem bemerkenswert guten Gleichgewicht befindet. Wir können schlafen, essen, verdauen und sozial aktiv sein, ohne dass darunter ein anderer Teil unseres Organismus leidet. Befinden wir uns jedoch in einer Stresssituation, dann verändert sich dieses Gleichgewicht in Sekundenbruchteilen. Eine körperliche Reaktion, die sich normalerweise unserer Kontrolle entzieht, findet statt und bringt uns nicht selten aus dem Gleichgewicht.

Die gesteigerte Durchblutung der Extremitäten, die uns eigentlich die Flucht oder den Angriff ermöglichen sollte (fight or flight), beschert uns verschwitzte Hände, unser Herz rast, der Magen zieht sich zusammen. Generell ermöglicht die Adrenalinausschüttung dem Körper maximale Stärke, maximale Beschleunigung, maximale Konzentration und minimales Schmerzempfinden, um dem Stressor zu begegnen.

Auslöser für eine Adrenalinausschüttung können unterschiedliche Reize sein. In Bezug auf die Jagd kann dies ein Wildgeruch, die Ansicht eines Beutetieres oder auch ein Geräusch sein. Der Herzschlag beschleunigt sich, es entsteht ein Tunnelblick, alle Sinne sind auf die Beute konzentriert, alle Muskeln, die für die Bewegung verantwortlich sind, werden maximal durchblutet, Lunge und Herz sind optimal versorgt. Im Gegenzug werden die Verdauungsorgane minder versorgt, da alle Energien für die Jagd (oder Flucht, wenn man selbst ein Beutetier ist) benötigt werden. Da auch die Sinnesleistungen extrem auf den Reiz konzentriert sind, erleben wir unsere Hunde als nicht ansprechbar, sie wirken wie „weggetreten" oder hysterisch.

Sicherlich können menschliche Jäger dieses Gefühl nachvollziehen, denn wie ist es sonst zu erklären, dass man sich am Wochenende morgens um 4.00 Uhr bei Nieselregen auf einen Hochsitz begibt und stundenlang mit einem Feldstecher die nahe gelegene Wiese beobachtet? Wenn das Wild am Horizont erscheint, langsam und vorsichtig auf die Wiese schreitet, nach Gefahr witternd den Kopf hebt, dann hält ein Jäger unwillkürlich den Atem an und hofft, dass seine Witterung nicht hinübergetragen wird und dass der Wind günstig steht. Jede nun folgende Bewegung findet unter maximaler Spannung statt, das Auge verlässt die Beute nicht mal für einen Wimpernschlag und das Aufnehmen der schweren Waffe bemerkt er gar nicht.

*Bei diesem Hund sieht man höchste Konzentration und Anspannung während der Hetzjagd.*

Adrenalin aktiviert unseren Körper für einen kurzen Augenblick und wird dann von Cortisol abgelöst, das uns ermöglicht, die Spannung auf einem hohen Niveau zu halten. Deshalb spricht man von einem Adrenalinkick, denn nur der erste Augenblick der Hormonausschüttung beschert uns dieses Gefühl der Unverwundbarkeit, der Stärke, Wachheit und Konzentriertheit. Genauso wie wir Menschen nach dem Adrenalinkick süchtig sein können, können dies auch Tiere sein. Doch welcher biologische Sinn steckt dahinter?

Nur wenn ich alle meine Reserven mobilisieren kann, bin ich in der Lage, Höchstleistungen zu erbringen, die nötig sind, um Beute zu machen, einen 100-Meter-Lauf oder den Kampf gegen eigene Zweifel zu gewinnen. Darüber hinaus tröstet mich der Kick über Misserfolge hinweg: Wenn ein Beutegreifer nach der x-ten erfolglosen Jagd aufgeben würde, würde er verhungern. Die Adrenalinausschüttung ist auch ohne das Glückshormon, das bei einer erfolgreichen Jagd am Ende ausgeschüttet wird, eine Belohnung für den Organismus unseres Hundes.

Unsere Hunde jagen in der Regel, obwohl sie keinen Erfolg hatten, und sind auch nicht durch übermäßig großartige, wohlschmeckende und ansprechende Leckerchen davon abzuhalten.

Selbstverständlich wird eine „Jagdproblematik“ durch einen Erfolg, also zumindest das Stellen der Beute, noch extrem verstärkt.

## DER „KICK“

*Auch wir Menschen tun ständig Dinge, die nur durch das Verlangen nach dem „Kick“ zu erklären sind.*

*Fahren mit erhöhter Geschwindigkeit ist lebensgefährlich und letztendlich dumm und trotzdem eine wahre Volkskrankheit. Skifahren, Bungeespringen, Fallschirmspringen oder Klettern sind Sportarten, die trotz – oder gerade wegen ihres Gefahrenpotenzials – Faszination auslösen. Eine Abfahrt abseits der Skipiste wird von den Skifahrern als größtmögliches Freiheitsgefühl beschrieben, obwohl ein so großes Verletzungsrisiko besteht. Im Vergleich dazu bietet ein Langlauf ebenso intensive Naturerlebnisse, wird aber von vielen „Abfahrern“ belächelt.*

Wir alle, Mensch und Hund, sind Opfer unserer Biologie. Wir sollten unbedingt unsere eigenen Vorlieben im Hinterkopf haben, wenn wir unserem hetzenden Hund hinterherblicken und uns normalerweise ärgern würden. Besser wäre es, ihn zukünftig vorausschauend an der Leine zu haben – zumindest so lange, bis ich mit Geduld und Sachverstand eine Ersatzjagd etabliert habe und weiß, dass mein Hund den Reizen dieser spannenden Welt widerstehen kann. Niemand kann dauerhaft mit einem stark erhöhten Cortisol-Spiegel leben, denn die andauernde Überaktivierung des Körpers macht ihn krank.

Selbstverständlich könnte man die physiologischen Abläufe detaillierter beschreiben, für uns ist jedoch nur wichtig, dass die Adrenalinausschüttung und damit die veränderte Sinneswahrnehmung, das mangelnde Schmerzempfinden und die Hysterie nicht durch „Ungehorsam“ zu erklären ist.

### Instinktverhalten

Vereinfacht könnte man Instinkte als Motivationsgrundlagen beschreiben. Sie sind der unbewusste Motor für viele unserer Handlungen und Verhaltensformen. Dies gilt sowohl für uns Menschen als auch für unsere Hunde, für Wölfe, Löwen, Pferde und andere Tiere. Für Menschen und sozial (in Gruppen lebende) Beutegreifer kann man vier Instinkte definieren. Alle vier bilden das Grundgerüst für Verhalten. Jagd-, Territorial-, Sexual- und Sozialinstinkt beschreiben die Motivation und Bedürfnisse des Individuums.

Der **Territorialinstinkt** motiviert Mensch und Tier, um sich ein Territorium, also einen Ort der Sicherheit für das persönliche Wohl, die Aufzucht des Nachwuchses, den ungestörten Schlaf, die Körperpflege und soziale Kontakte zu suchen, zu besetzen und zu behaupten. Die Intensität, mit der das Bedürfnis nach Sicherheit bei jedem Individuum ausgeprägt ist, wird durch unterschiedliche Faktoren wie Veranlagung (bei Hunden rassespezifisch unterschiedlich!), Charakter und persönliche Geschichte beeinflusst.

Auch der **Sozialinstinkt**, der das Zusammenleben in einer Gruppe, das Versorgungsverhalten gegenüber dem Nachwuchs und Empathie beeinflusst und somit gemeinsames zielgerichtetes Handeln erst ermöglicht, wird ebenfalls durch die unterschiedlichen, oben erwähnten Faktoren beeinflusst.

Der **Sexualinstinkt** bedarf keiner weiteren Erklärung, es ist jedoch anzumerken, dass sich in einem Familienverband, einem Rudel bei Hunden und Wölfen, nur die erwachsenen Elterntiere fortpflanzen und zeugungswillige Jungtiere das Rudel verlassen. Jungtiere, die im Rudel bleiben, haben eine nur infantil entwickelte Sexualität. Die erwachsenen Tiere haben Vorrang. Ich habe schon häufiger erlebt, dass unter Hunden, die bei Züchtern leben, extreme Konkurrenz entsteht, da junge, unkastrierte und erwachsen werdende Hunde nicht „ausziehen“ dürfen und es zu sexuell motivierten, ernsthaften Auseinandersetzungen mit Beschädigungsverhalten kommt.

In der Natur würde sich die Gruppe trennen und dies hat den gleichen biologischen Sinn wie bei uns Menschen. Niemand würde von Eltern und Kindern erwarten, dass sie lebenslang unter einem Dach leben und Kinder dauerhaft die „vorrangige“ Stellung der Eltern akzeptieren. Andererseits käme auch niemand

*Der Sexualinstinkt ist bei verschiedenen Rassen unterschiedlich stark ausgeprägt.*

auf die Idee, sein jugendliches Kind mit 13 Jahren ins eigenständige Leben zu entlassen. Nicht selten bleiben junge Hunde bei ihren Eltern und leben dort als 13-jährige Jugendliche weiter, bis sie mit dem Älterwerden der Eltern einen weiteren Entwicklungsschub machen und auch zur kompletten sexuellen Reife gelangen. Jugendliche gebliebene Hunde erkennt man häufig an ihrer schmächtigeren Statur und ihrem infantileren, weniger ernsten Wesen. Die Hündinnen entwickeln dann nur eine minder ausgeprägte Hitze.

Es ist grundsätzlich so, dass die erwachsenen Tiere mehr Verantwortung tragen und sich stärker territorial verhalten (mein Haus, mein Auto, mein Mensch, meine Familie – meine Verantwortung, sie zu beschützen) und dies von den Juvenilen (Jugendlichen) nicht infrage gestellt wird. In Bezug auf uns Menschen kann man nicht allzu selten eine Konkurrenz von gleichgeschlechtlichem Mensch und Hund um den gegengeschlechtlichen Partner erkennen oder es ist ein starkes Beschützerverhalten zum Beispiel von Rüden gegenüber ihren „Frauchen" bis hin zu Machogehabe zu erkennen, wobei dies den Menschen meist nicht bewusst ist.

Der **Jagdinstinkt** ist jedem Hund genauso eigen wie jedem Wolf oder jedem Löwen, auch wenn einige Züchter ihre Rassehunde als „nicht jagend" anpreisen. Selbstverständlich ist der Jagdinstinkt wie auch die Ausprägung der anderen Instinkte und deren Auswirkungen auf das Verhalten von den uns bekannten Faktoren Veranlagung, Geschichte und Charakter abhängig. Ohne den Jagdinstinkt wären Beutegreifer und Jäger und Sammler (also auch wir Menschen) zum Verhungern verurteilt gewesen und die Kommunikation sowie die Struktur der jeweiligen Gesellschaft hätten sich deutlich anders entwickelt.

Für unsere Hunde ist die Jagd die wesentliche Beschäftigung, die große Herausforderung, der herausragende Job, die unwiderstehliche Faszination, die sie ausfüllt, fordert, an ihre Grenzen bringt, ihr Selbstwertgefühl steigert, ihnen ein gutes Körpergefühl vermittelt, ihren Ehrgeiz entwickelt und letztendlich ihr Zusammengehörigkeitsgefühl in der Gruppe stärkt.

Kein Hund will nur Futter, Bewegung und Streicheleinheiten. Futter ohne Arbeit, Bewegung ohne Ziel, Streicheleinheiten von einem Partner, der eher sich damit einen Gefallen tut als dem Hund, sind für Hunde ebenso wertlos wie für uns. Wenn wir laufen, dann weil wir schlank sein, einen Marathon schaffen, Stress abbauen wollen oder ein beliebiges anderes Ziel dabei verfolgen. Hunde laufen aus demselben Grund: Sie wollen ein Ziel haben.

Das Territorium zu checken und zu sichern, meist zum Leidwesen all der anderen Territorium-Checker, die ebenfalls unterwegs sind, oder um jagdbare Beute zu finden. Nicht wenige Hunde suchen sich Ersatzbeute wie Tierkadaver, Menschen- oder Tierkot, Grillreste oder ähnliche, von uns zutiefst verabscheute Überreste von irgendetwas. Die Jagd ist für den Hund das Auffinden und uns in unserer Unterbrechungshandlung zuvorzukommen. Was dabei jedoch fehlt, ist der Adrenalinkick. Daher wird ein gesund veranlagter Hund wahrscheinlich doch das Reh oder den Hasen dem Grillplatz vorziehen.

## DAUERSTRESS

*„Bällchenhunde“ erleben nur einen kurzen Adrenalinkick beim Anblick eines Balls, sehr wohl aber eine dauerhafte Cortisol-Ausschüttung, die es ihnen ermöglicht, stundenlang Bällen hinterherzurennen – gegen ihren Körper, gegen die Vernunft, gegen sich selbst. Denn Cortisol ist ein Stresshormon und Dauerstress ist, wie wir alle wissen, ungesund.*

*Warum ein Balljunkie Dauerstress entwickelt? Eine Balljagd ist niemals zu Ende.*
*Die Beute wird nicht gegriffen (mit dem Maul gefasst) und letztendlich verspeist, was die Ablösung des Cortisols und den Abbau des Adrenalins durch die Ausschüttung anderer Hormone bewirken und somit ein „Fertig-Gefühl“ verursachen würde.*

Die Aktivierung des Körpers auf Hochleistungsniveau wird fortgesetzt und der dauerhaft im Blut vorhandene Cortisol-Spiegel steigt und steigt und ein Absinken auf einen Normalwert wird immer schwieriger. Die Routine im immer gleichen Ablauf beim Ballspiel fördert den Tunnelblick der Tiere und ich habe mit Schrecken gehört, wie mir jemand erzählte, dass sein Hund nur auf den Ball guckte, wenn er ihn warf, und nicht auf die Umgebung. Um ihm dies abzugewöhnen, hat er den Ball dicht an einem Baum vorbeigeworfen, sodass der Hund dagegen rannte und sich offensichtlich so weh tat, dass er sich seitdem immer umsieht, bevor er losrennt. Wie grausam: Erst das Tier zum Adrenalin/Cortisol-Junkie zu machen und dann mit Tempo 30 gegen einen Baum rennen zu lassen!

Leider beweist dies, dass es möglich ist, ein Individuum in seiner Adrenalin-Hysterie zu unterbrechen. Wir wollen uns jedoch in diesem Buch damit beschäftigen, wie ich dem Hund derart gerecht werden kann, dass er eine von mir angebotene Ersatzjagd akzeptiert und meine Entscheidung, nicht das Wild zu jagen, respektiert, ohne dass ich ihm Schmerzen zufüge. Respekt vor dem mir anvertrauten Individuum ist die Voraussetzung für ein erfülltes Miteinander – egal welcher Spezies!

### Sichtjäger

Hunde haben die gleichen Sinne wie wir Menschen, mit dem Unterschied, dass ihre Sinnesleistungen in Teilbereichen viel besser ausgeprägt sind als unsere. Hunde hören und riechen deutlich besser als wir, sie sehen anders und auch ihr taktiler Sinn unterscheidet sich von dem unseren. Die Sinnesleistungen sind bei jeder Tierart, auch beim Menschen, angepasst an das Leben, das die Spezies führt.

Ein Beutegreifer, der in der Savanne lebt, einen weiten Blick auf sein Umfeld und mögliche Beutetiere hat und der Bedrohungen schon aus großer Distanz erkennen muss, da es kaum Verstecke vor der Bedrohung gibt, hat sicher einen sehr gut entwickelten visuellen Sinn. Ernährt sich eine Art von kleinen Beutetieren, die aus der Luft gejagt werden, dann ist es überlebensnotwendig, dass die Augen des Beutegreifers (Greifvögel) kleinste Bewegungen in großer Entfernung wahrnehmen. Unbewegte Dinge in näherer Umgebung werden aber eventuell nur als grobe Hindernisse wahrgenommen, die nicht so detailliert aufgeschlüsselt werden.

Unsere Hunde sind durch Selektion an ihre ursprünglichen Lebensumstände, Aufgaben und Verwendungen angepasst. Selbstverständlich haben sogenannte Sichtjäger trotzdem eine gute Nase, sie orientieren sich jedoch vorrangig mit den Augen in ihrer Umwelt und es fällt ihnen leichter, zum Beispiel spannende Wildgerüche zu ignorieren.

Es steht außer Frage, dass Hunde um ein Vielfaches besser riechen können als wir. Eine viel ungenauere Vorstellung haben wir jedoch davon, wie gut und was Hunde sehen können. Es gibt Untersuchungen, die sich mit dem Farbsehen der Caniden beschäftigen, mit der Selbsterkennung im Spiegel oder mit dem räumlichen Sehvermögen. Es besteht Einigkeit darüber, dass die Sinnesleistungen eines Wildtieres im Verlauf der Domestikation abnehmen, da das domestizierte Tier nicht mehr in einer bedrohlichen Umwelt lebt und so weniger auf der Hut sein muss.

*Auch dieser Labrador Retriever scannt seine Umgebung nach jagdbarem Wild und Jagdkonkurrenten.*

In der gemeinsamen Geschichte von Mensch und Hund wurden jedoch Hunde gezüchtet, die außerordentlich stark auf optische Reize reagieren. Dazu gehören Hütehunde, Herdenschutzhunde und Treibhunde, die während ihrer Arbeit an der Herde sowohl jedes die Herde verlassende Tier als auch fremde Annäherung von Wölfen, Viehdieben usw. wahrnehmen müssen. Daher reagieren diese Hunde besonders stark auf Bewegungen und haben ihre Umwelt stets im Blick. Das bedeutet nicht, dass sie eine schlechte Nase haben, aber sie neigen dazu, sich eher optisch und weniger olfaktorisch (mit der Nase) zu orientieren.

Vorstehhunde haben zwar im Gelände sehr häufig die Nase am Boden. Sie reagieren aber sofort, wenn sie eine Bewegung wahrnehmen, und sind stets bereit, dieser auch zu folgen. Auch Terrier gehören zu den Sichtjägern, die zwar Mäuse und Ratten auch riechen oder unter der Erde hören, aber besonders begabt sind, den blitzschnellen Bewegungen der kleinen Nager zu folgen und sie zu erbeuten. Dasselbe gilt für Windhunde, die das sichtbare Wild verfolgen (Hetzjäger).

Hunde sehen insgesamt Bewegungen viel besser als wir. Sie nehmen auch im Dunkeln sowohl Hindernisse als auch eine verdächtige Bewegung wahr, während wir uns vorsichtig vorantasten müssen. Im Hinblick auf Jagdkontrolle müssen alle Sichtjäger lernen, ihren Affekt an bewegter Beute zu kontrollieren und die ersten eineinhalb Jahre ist ein regelmäßiges Training zur Steadyness und Frustrationstoleranz notwendig, um sich mit seinem Hund sicher für Reh und Hase und gesund für den Hund bewegen zu können (siehe „Jagdkontrolle in der Erziehung“).

## Nasenjäger

Sowohl beim Menschen als auch beim Hund ist der Riechsinn der erste und stärkste Sinn, der uns sofort nach der Geburt zur Verfügung steht. Ausschließlich der olfaktorische Sinn ist vollkommen entwickelt, sobald Säugetiere das Licht der Welt erblicken. Evolutionsbiologisch gesehen ist der Riechsinn der älteste Sinn unseres Sinne-Repertoires und mit einem stammesgeschichtlich alten Teil unseres Gehirn verzahnt: dem limbischen System. Bevor die Informationen eines Geruchs im Großhirn, dem „denkenden“ Teil unseres Gehirns, ankommen, passieren sie das limbische System, das für die Verarbeitung und Steuerung von Emotionen zuständig ist und das Triebverhalten steuert.

Daraus resultiert die auch uns bekannte Verbindung von Gerüchen und Emotionen. Ohne es zu wollen, empfinden wir bei bestimmten Gerüchen Unwohlsein, Freude, Erwartung oder Geborgenheit. Nicht umsonst versuchen Menschen seit vielen Jahrtausenden, sich selbst und ihrer Umwelt Düfte zu geben. Parfum und Raumsprays spielen mit den Emotionen der Riechenden. Der Geruchssinn ist der chemisch komplexeste angelegte Sinn. Müttern wird geraten, kein Parfum zu benutzen, damit der Säugling sie am Geruch erkennen kann, und auch Hundewelpen orientieren sich am Geruchssinn. Diese ersten Sinneserfahrungen sind für uns später rational nicht mehr nachvollziehbar, aber wir empfinden bei bestimmten Gerüchen ein Wohlgefühl oder eine Abneigung.

Manchmal können wir diese Wahrnehmungen noch Ereignissen zuordnen, oft sind es jedoch unbewusste Erlebnisse, die wir mit einem Geruch verknüpfen. Wie

*Der olfaktorische Sinn ist der am stärksten ausgeprägte Sinn des Hundes.*

schon erwähnt, ist der Riechsinn an das limbische System im Gehirn gekoppelt, in dem auch unsere Gefühle entstehen. Daher ist es nicht verwunderlich, dass Hunde bei bestimmten Gerüchen emotional wie weggetreten wirken und für uns nicht mehr ansprechbar sind.

Der Geruch nach Feuer ist für alle riechenden Spezies ein Gefahrensignal, das fast immer automatisch mit Angst und Flucht gekoppelt wird. Auch hierbei ist das limbische System für die Verknüpfung von Geruch und Gefühl verantwortlich und warnt seinen Organismus vor der drohenden Gefahr. Erst die Nutzung des Feuers und das kontrollierte Grillen oder der Kamin haben uns zu Freunden des Brandgeruches werden lassen, aber wahrscheinlich kennt jeder das Gefühl, wenn die Wintersaison beginnt und die ersten Nachbarn ihre Öfen aktivieren. Man fragt sich schon das eine oder andere Mal: Brennt es? Brennt mein Haus? Unser Bewusstsein schaltet sich dann ein und funkt Entwarnung. Auch wir sind empfänglich für Geruchsreize, nutzen diese jedoch nicht mehr zur Jagd wie unsere Hunde.

Grundsätzlich erleben Hunde ein ganzes Universum an Gerüchen, von dem wir uns keine Vorstellung machen können. Selbst der Hund mit der kleinsten Riechschleimhaut (abhängig von der Schnauzenlänge) hat eine viel bessere Nase als wir Menschen. Hunde nutzen ihren olfaktorischen Sinn unter anderem zur Kommunikation, die wir Menschen gern als „Zeitungslesen“ beschreiben. Das ist eigentlich ein sehr treffendes Bild.

Zu dem Zeitungslesen von uns Menschen kommt aber beim Geruchssinn der Hunde noch ein großer weiterer Faktor hinzu, den wir am ehesten mit den bewegten Bildern einer Reportage vergleichen können: Gerüche initiieren bei den Hunden Gefühle und geben viel umfangreichere Informationen preis, als wir das vermuten. Ein Hund riecht nicht: ein Reh! Ein Hund riecht, wann das Wild vorbeigekommen ist, in welchem Alter und Gesundheitszustand es sich befindet und somit, ob es sich lohnt, auf die Jagd zu gehen.

## KEINE ENERGIE VERGEUDEN

*Wölfe verschwenden ihre Kraft nicht für unzählige aussichtslose Jagden, einige Hunde tun dies schon. Sie haben nicht von ihren Elterntieren gelernt, was jagdlich sinnvoll ist und was nicht. Sie vergeuden ihre Energie, reagieren hysterisch, verlieren all ihre Vernunft auf der Jagd. Können wir uns einen beim Anblick eines Rehs hysterischen Wolf vorstellen? Haben wir ein inneres Bild von einem blindlings hinter irgendeiner Spur herjagenden Wolf, der unfähig zur Kommunikation mit seinem Rudel ist, weil er einen Geruch in der Nase hat? Sicher nicht.*

*Der Bloodhound gilt als die Hunderasse mit der besten Nasenleistung.*

Die klassischen Nasenjäger sind Meutehunde wie Beagle, Bloodhound, Schweißhunde und Bracken. Diese Hunde wurden gezielt nach ihrer Nasenleistung bewertet und gezüchtet und es ist kein Zufall, dass viele Mantrailing (Personensuche) begeisterte Menschen solche Hunde haben. Die beeindruckenden Fähigkeiten dieser Tiere lassen uns immer wieder staunen und wir sind förmlich dazu verpflichtet, den Hunden, auch den etwas weniger begabten, eine sinnvolle Beschäftigung für die Nase anzubieten.

Passionierte Nasenjäger können lernen, Gerüche zu bewerten. Mein sehr nasenbegabter Rhodesian Ridgeback Rüde sucht in jedem Gebiet sicher einen Menschen und „überriecht" jedes Wild oder andere Verleitungen.

Ich beobachte häufig, dass Hunde, die aus der Stadt kommen, sich damit viel schwerer tun, da ein Wildgeruch in der freien Natur für sie viel spektakulärer ist als für einen Hund, der sich täglich damit konfrontiert sieht. Als ich von Hamburg in ländlichere Gefilde zog, war es für meine Hunde zu Beginn außerordentlich schwer, sich in wildreicher Umgebung auf unsere gemeinsame Beschäftigung zu konzentrieren. Wir sollten daher mit einer Geruchsdesensibilisierung auf Wildgerüche schon in der Welpenzeit beginnen – vorausgesetzt natürlich, der Hund soll nicht jagdlich geführt werden.

## Psychologie der Jagd

Die Jagd könnte man, oberflächlich betrachtet, als Nahrungserwerb aller Jäger bezeichnen. Dazu zählten auch wir Menschen. Für unsere Hunde ist sie jedoch viel mehr. Sie benötigen keine Beutetiere mehr, um sich ernähren zu können, aber sie erleben das berauschende Gefühl des Adrenalinkicks bei einer Jagd. Sie spüren ihren Körper, genießen ihre Fähigkeiten, erkunden ihre Leistungsfähigkeit, schulen ihre Begabungen, fordern ihre Grenzen heraus und finden sich in ihrer ursprünglichsten Aufgabe wieder. Und was tun wir? Wir lassen sie dabei nicht nur im Stich und verstehen ihr Bedürfnis nicht, sondern bestrafen sie auch noch dafür.

Können wir uns die Enttäuschung vorstellen, die ein Hund empfinden muss, wenn er uns mit einem gellenden Jagdgekläff (Spurlaut, Geläut) auf die unglaubliche Chance, die sich bietet, aufmerksam macht und wir einfach ignorant stehen bleiben? Können wir uns den Rausch vorstellen, wenn ein Hund endlich eine Gruppe anderer Hunde findet, die mit ihm jagt? Wie oft wundern sich Menschen darüber, dass ihr Hund erst „ernsthaft“ zu jagen anfängt, sobald andere Hunde

### ORGANISIERTE JAGD

*Die wildernde Jagd unserer Haushunde ist meist nicht so zielgerichtet und gut organisiert wie in einem Wolfsrudel, weil die Tiere zum einen nicht über die gleichen Sinnesleistungen und körperlichen Fähigkeiten verfügen und sich in den allermeisten Fällen auch nicht so gut untereinander kennen wie ein Familienrudel.*

*In einer gewachsenen Familiengruppe lernen bereits die Welpen Jagdtechniken und Kommunikation, um später das Rudel bei der Jagd unterstützen zu können. Der Welpe, der mit dem Käfer spielt, übt für die Jagd; der junge Hund, der den anderen jagt, sprintet im Geist dem Reh hinterher.*

aus der täglichen Spaziergehgruppe ihn begleiten. Die anderen haben diesen Hund nicht verführt! Er hat erst in der Gemeinschaft mit den anderen den Mut aufgebracht und die Aussicht auf Erfolg. Und von seinem Menschen erwartet dieser Hund nichts mehr. In der Gruppe der Jagdgefährten kann ein Hund hündisch kommunizieren und zielgerichtet mit den anderen agieren.

Wir Menschen unterbinden dies in unserer Kultur jedoch überwiegend, sodass die Fähigkeiten der Hunde sich nur mangelhaft ausbilden können. Welche Erleichterung, Begeisterung und Euphorie erfüllt also unsere Tiere, wenn sie sich – meist zufällig – in einer sozialen Gruppe wiederfinden, in der sie lebensnotwendige Fertigkeiten, Gemeinschaft, Anerkennung und Wertschätzung für ihre Fähigkeiten erfahren. Je häufiger eine Hundegruppe gemeinsam auf größeres Wild Jagd macht, desto abgestimmter agiert das Team: Jeder wird seinen Fähigkeiten entsprechend eingesetzt. Ich kenne dies von meinen Hunden.

*Die gemeinsame Jagd ist Erfolg versprechender, als solitär zu jagen.*

Obwohl meine Hunde nicht miteinander jagen, sondern mit mir gemeinsam Ersatzjagd betreiben, achten sie im Gelände auf die Reaktionen des kleinen spanischen Vorstehhund-Windhund-Mix Reiko, der zuverlässig Wild anzeigt, dem nichts entgeht und der allzeit bereit wäre. Ich habe viel Empathie und sinnvolle Beschäftigungsangebote investiert, sodass die Hunde meine Entscheidung, das Reh unversehrt zu lassen, akzeptieren und sich auf meine Jagdspiele einlassen und zufrieden und ausgelastet sind. Aber wäre es nicht naiv zu glauben, dass sie vielleicht insgeheim auf meine Aufforderung hoffen, dass wir unsere diversen Pfoten und Füße in die Hand nehmen und dem davonspringenden Wild nacheilen?

Hunde haben unterschiedliche Bedürfnisse, die sich mehr oder weniger ausgeprägt zeigen. Die Jagd ist unter diesen jedoch insofern herausragend, da sie durch die Hormonausschüttung sehr stark emotional besetzt ist. Das Gefühl der Euphorie brennt sich förmlich ins Gehirn und verlangt nach Wiederholung. Wir sollten es als unsere Aufgabe betrachten, den Hunden die Freude zu ermöglichen, die eine sinnvolle Beschäftigung mit Herausforderungen für Geist und Körper in Gemeinschaft mit ihrer sozialen Gruppe bedeutet.

## Mensch versus Hund?

In einer sozialen Gruppe lernen die Individuen voneinander. Eltern lehren ihre Kinder was sie für ihr Leben an Fertigkeiten benötigen. Das haben sie von ihren Eltern gelernt. Erst wir modernen Menschen brauchen in der heutigen Zeit Lehrer und Spezialisten, da das Wissen der Eltern für unseren menschlichen Alltag nicht mehr ausreicht.

Wir könnten jedoch unseren Hunden ausreichend Erziehung angedeihen lassen, um sie sowohl in unseren Alltag zu integrieren als auch ihre natürlichen Verhaltensweisen zu ermöglichen. Wir Menschen haben Hunde in unser Leben einbezogen, sie in Rassen aufgeteilt, ihre Veranlagungen selektiert und zu unserem Vorteil geformt. Wenn wir uns bemühen, einen realistischen Blick auf unsere Hunderassen, ihre Veranlagungen und Bedürfnisse zu werfen, dann haben die Hunde und wir die Chance, uns dem Thema Jagd gemeinsam zu nähern. Solange wir jedoch versuchen, dem Hund das „Hund-Sein" abzutrainieren, werden beide Seiten nicht endgültig glücklich miteinander werden.

### BEGLEITER DURCHS LEBEN

*Selbstverständlich sind Hunde unsere Begleiter, aber wir sollten ebenso auch ihre Begleiter durch ihr Leben sein, ihnen ihrer Veranlagung entsprechende Aufgaben anbieten und aufhören, uns mit „hübschen" oder „süßen" Hunden zu schmücken. Manchmal bedauern Menschen ihre Entscheidung für eine bestimmte Rasse. Immer ist jedoch der Hund der Leidtragende. Wenn ich mich als Mensch für eine gesunde Rasse aus einer vernünftigen Zucht entschieden habe, dann sollte ich mich auch für die sich daraus ergebende Aufgabe entschieden haben.*

*Herdenschutzhunde wie dieser Leonberger sind minimalistische Beutegreifer, die ausschließlich eine für sie sinnvolle Ersatzjagd als Beschäftigung akzeptieren.*

Im Folgenden möchte ich die unterschiedlichen Rassetypen und ihre jagdliche Veranlagung beschreiben und daran anschließend Wege aufzeigen, wie ich Kontrolle über das Jagdverhalten erzieherisch zum Vorteil des Hundes aufbauen kann und ihm adäquaten Ersatz anbieten kann. Es soll nicht darum gehen, unsere Hunde so effektiv wie möglich mit Futter, Spielzeug oder anderen „Tricks" zu bestechen, sondern Freude an gemeinsamer Aktivität zu entwickeln. Die Beschäftigung sollte für den Hund so bedeutungsschwer sein, dass sie den Platz der fehlenden „echten" Jagd einnehmen kann.

Immer mehr ursprüngliche Jagdhundrassen halten Einzug in unseren Alltag, werden Familienhunde und tägliche Begleiter, fristen jedoch häufig ein Dasein ohne eine echte Aufgabe. Ich bin nicht der Meinung, dass Jagdhunde nur mit Jägern oder Hütehunde nur mit Schäfern leben sollten. Ich denke jedoch, dass Hunde ihrer Art und Rasse entsprechend gehalten werden sollten. Einem Magyar Vizsla oder Weimaraner ausschließlich Bällchenspiele im Park anzubieten, ist genauso wenig artgerecht, wie einen Border Collie auf Hochleistungsniveau durch einen Agility-Parcours zu scheuchen.

# Hundetypen und ihre jagdliche Veranlagung

Schon sehr früh haben sich ganz unterschiedliche Hundetypen entwickelt. Die Tibet-Dogge ist wahrscheinlich die älteste Herdenschutzhundrasse der Welt und begleitet den Menschen seit 5000 Jahren. Ebenso lange gibt es auch schon viel leichtere, sehr stark jagdlich veranlagte Windhunde, die an der Seite des Menschen ganz andere Aufgaben hatten und haben. Ich möchte in den nächsten Kapiteln die Hunderassen zu Gruppen bzw. „Typen“ zusammenfassen, die sich aus der Veranlagung ergeben.

Natürlich unterscheiden sich die einzelnen Rassen in ihrer Veranlagung und die einzelnen Hunde in ihrem Charakter noch erheblich, aber ich denke, dass die gewählten Gruppen Aufschluss darüber geben können, mit welchen Fragestellungen wir uns hinsichtlich der Erziehung, Beschäftigung, Wahrnehmung und Kommunikation der Hunde auseinandersetzen sollten.

Es werden sich in den Gruppen nicht zu jeder dazu gehörenden Rasse Beschreibungen finden, da dies den Rahmen sprengen würde, aber ich habe mich bemüht, eine repräsentative Auswahl zu treffen.

## Laufhunde, Bracken und Meutehunde

Viele Autoren nennen unter dem Begriff „Bracken“ auch Meutehunde. Die FCI (Fédération Cynologique International) ordnet sowohl Bracken als auch Schweiß- und Meutehunde in die Sektion 6 der Laufhunde ein. Grundsätzlich unterscheiden sich die Veranlagungen nicht extrem, dennoch möchte ich die unterschiedlichen Typen getrennt beschreiben, da ihre Veranlagung Auswirkungen auf die Haltung der Hunde und die Kommunikation hat.

Meutehunde unterscheiden sich in ihrer Veranlagung mindestens in dem Punkt von Bracken, dass sie ursprünglich in großen Gruppen jagdlich geführt wurden bzw. gearbeitet haben, während Bracken einzeln einer Spur folgen. „Bracken“ oder „Wildbodenhunde“ gab es bereits in der Antike. Sie sind zu einer Zeit der menschlichen Kulturgeschichte durch Selektion entstanden, als die Jagd noch auf sehr großen Flächen und ohne viel befahrene Straßen, Autobahnen oder Stacheldraht betrieben wurde. Das Bundesjagdgesetz (BJagdG) beschreibt in §19 eine notwendige Flächengröße von 1000 Hektar (1 Hektar hat 10.000 Quadratmeter) für das Brackieren vor. So große Flächen findet man fast nirgendwo mehr.

Bracken hetzen das Wild nicht wie Windhunde, sondern verfolgen die Spur auf Abstand. Das setzt voraus, dass sie mittels ihrer extrem feinen Nase das Alter einer Spur ermitteln können, da nur eine frische Spur Erfolg versprechend ist. Sobald Bracken eine Spur/Fährte aufgetan haben, verfolgen sie diese selbstständig und spurlaut, das heißt, sie bellen dabei. Der Spurlaut ist erwünscht, da der Jäger so die Bewegung seines Hundes verfolgen kann, während er am Ausgangspunkt bleibt und auf die Wiederkehr seines Hundes wartet, der das Wild dem Jäger zutreibt.

Bracken werden seit dem 16. Jahrhundert, als sich auch in der Jagd die Schusswaffen durchzusetzen begannen, fast ausschließlich auf Kaninchen und Füchse angesetzt. Diese haben die Eigenschaft, nach der Flucht zu ihrem Bau zurückzukehren, wo sie vom Jäger mit der Waffe oder von Hetzhunden (Windhunden, Saupackern oder Mischungen aus diesen) erwartet werden. Bracken treiben das Wild in einem großen Bogen und befinden sich derweil außer Sicht. Man kann sich daher vorstellen, dass die Bracken sehr selbstständige Jäger sind, die in der Natur fast ausschließlich die Nase am Boden haben und sich selbst orientieren.

Bei den keltischen Stämmen Mitteleuropas entstand die Keltenbracke, die inzwischen ausgestorben ist. Wahrscheinlich sind die Keltenbracken die Ausgangsrasse für unsere heutigen Bracken wie **Westfälische Bracke, Brandl-Bracke, Steirische Bracke, Polnischer Laufhund** usw. Nicht selten sind Hunde aus dem Tierschutz Bracken-Mischlinge aus Süd- und Ost-Europa, die ihre Halter vor unerwartete Aufgaben stellen, da sie nur schwer davon zu überzeugen sind, dass sie mit ihrem Menschen im Team aktiv sein sollten.

Die gemeinsame Suche zum Beispiel beim Mantrailing stellt eine gute Auslastung für diese sehr begabten Hunde dar. Auf gar keinen Fall sollte man diesen Hundetyp Leckerchen oder Futter suchen lassen, damit sich seine Selbstständigkeit nicht weiter verstärkt.

Eine Meute beschreibt eine große Anzahl von Hunden, die in einer lockeren Hierarchie zusammenleben. Die Struktur der Meute ist eher von situativer Dominanz geprägt. Das bedeutet, dass es keine hierarchische Ordnung wie in einem kleinen Rudel gibt, sondern derjenige, der in einer Situation am stärksten und sichersten auftritt, hat die Oberhand in eben dieser einen Situation. Besonders deutlich zeigt sich dies beim Fressen, der Beuteverteilung bei der Jagd und bei der Fortpflanzung. Ressourcen wie Liegeplätze sind nicht durchgängig hierarchisch besetzt, es gibt in einer Meute kaum dauerhaftes Recht auf etwas. Vereinfacht gesagt: Wer zuerst kommt, mahlt zuerst!

Das Zusammenleben in einer sehr großen Gruppe von Individuen setzt drei Dinge voraus: Zum einen darf das einzelne Individuum nicht sehr sensibel sein, denn sonst leidet es unter der relativen Strukturlosigkeit der Gruppe, der fehlenden Ordnung und dem Druck, sich behaupten zu müssen. Zum anderen dürfen Meutehunde keine große Individualdistanz (der Abstand zum nächsten Individu-

*Der Polnische Laufhund ist bei uns recht selten anzutreffen.*

um, den man als notwendig empfindet, um sich nicht gestört zu fühlen) benötigen, denn der Lebensraum ist meist relativ eng und Rückzugsmöglichkeiten gibt es kaum.

Der dritte und für uns Hundehalter vielleicht weitreichendste und bedenkenswerteste Punkt ist wohl aber das Zusammenwirken der ersten beiden Punkte. Wenig Sensibilität und ein geringes Bedürfnis nach großer Individualdistanz beinhalten auch eine relative körperliche Robustheit und reduzierte Kommunikation. Meutehunde führen seltener „Zweiergespräche" als andere Hunde und haben aufgrund der fehlenden Notwendigkeit auch nur noch reduzierte kommunikative Möglichkeiten. Meist haben sie lange Schlappohren und eine weiche, vielleicht sogar recht faltige Gesichtshaut mit wenig Mienenspiel. Die meisten haben einen sehr freundlichen Gesichtsausdruck und lösen im menschlichen Betrachter ein „Wie süß!"-Gefühl aus. Sie sind gegenüber Außenreizen im Normalfall sehr duldsam und können für sie nicht relevante Störfaktoren gut ausblenden.

Meutehunde gab es schon in vorchristlicher Zeit. Bereits die Kelten, Ägypter und Römer jagten mit Hundemeuten. Die Entwicklung der vielschichtigen Gesellschaftsform im Mittelalter ermöglichte es, den besser gestellten Adeligen, die das Recht auf Jagd besaßen, sich für die unterschiedlichen Jagdformen spezialisierte Hunde auch in größerer Anzahl zu halten. Die Jagd zu Pferd hinter einer großen Anzahl Hunde auf Fuchs, Wildschwein oder Hirsch wurde zu einem gesellschaftlichen Ereignis.

*Aufgrund seiner relativ niedrigen Individualdistanz wird der Beagle leider häufig als Laborhund missbraucht.*

Eine Meute mit mehreren Dutzend Hunden und ihren Pflegern und Trainern zu erhalten, stellt auch heute noch eine finanzielle und räumliche Herausforderung dar. Der bekannteste Meutehund ist sicherlich der **Beagle**. In Großbritannien jagte man viele Jahrhunderte mit großen Meuten in sogenannten Parforce-Jagden lebende Füchse. Dies ist inzwischen glücklicherweise verboten und so wird dort eine Ersatzspur (zum Beispiel Pansen-Schleppspur für eine Meute) wie hierzulande gelegt.

Beagle werden weltweit immer noch als Laborhunde eingesetzt, wo sie auf engstem Raum miteinander leben müssen und zu Tierversuchen missbraucht werden. Diese Haltung ist sicher nur mit Meutehunden möglich. Trotzdem die Tiere Schmerzen erfahren und unglaubliche Ängste ausstehen müssen, bleiben sie relativ freundlich ihren Peinigern gegenüber. Andere Hundetypen würden sicher eher „auf die Barrikaden“ gehen oder noch stärkeren seelischen Schaden nehmen. Je sensibler ein Tier veranlagt ist, desto weniger kann es mit Stress, Angst, Schmerz, Beengung, fehlendem Rückzug und Strukturlosigkeit umgehen.

Beagle gelten als sehr sozial und verträglich. Sie ertragen sicher mehr „spielerischen“ Kinderkontakt als manch andere Hunderasse, aber sie sind trotzdem kein Spielzeug! Sicherlich ist jeder Meutehund dankbar, wenn er eine individuelle Erziehung und Haltung und eine Sensibilisierung im Umgang mit seiner Umwelt erfahren darf!

Die häufig sehr distanzlose Annäherung eines Meutehundes empfinden andere Hundetypen nicht selten als Provokation und ich erinnere mich deutlich an einen Ausflug auf dem Fahrrad mit meinen vier Hunden, bei der uns ein frei laufender Beagle entgegenkam. Ich stieg vom Rad, als ich ihn näherkommen sah, und beobachtete, wie er mich und die Hunde in Augenschein nahm und in einem Meter Entfernung von uns mit hoch erhobener Rute und direktem Blickkontakt zu unserem Ridgeback-Rüden an einen Strauch markierte. Das ist in dieser Konstellation extrem provokant und wenig „durchdacht“.

Schon die Römer und Kelten suchten aus einer Meute die ruhigeren und stärkeren Hunde heraus und machten diese zu „Leithunden“, mit denen am Riemen (Leine) Wild von Mensch und Hund gemeinsam gezielt gesucht wurde. Diese Hunde zeichneten sich durch etwas ruhigeres Temperament und eine besonders gute Nasenleistung aus. Diese Leithunde wurden zu den heutigen Schweißhunden, die einzeln zur Nachsuche auf angeschossenes Wild eingesetzt werden (Schweißarbeit). Bekannte Rassen dieses Hundetyps sind der **Hannoversche Schweißhund**, der **Bayrische Gebirgsschweißhund** und die **Dachsbracke**. Eigentlich findet man reinrassige Schweißhunde und Bracken nur bei Jägern. Über Jagdhunde in Not gelangt aber auch manch nicht jagender Hundehalter an diese Hunde. Der **Bloodhound** oder St. Hubertushund wird selten auch an Nicht-Jäger abgegeben, dies aber sicher unter der Zusicherung mit dem Hund Nasenarbeit (wie zum Beispiel Mantrailing) zu machen. Auch der **Basset Hound** oder der eng verwandte **Basset artésien normand** sind Schweißhunde oder wurden in kleineren Meuten zur Hasenjagd eingesetzt. Es gibt etliche sogenannte „Niederlaufhunde“ besonders in Frankreich und der Schweiz, also große Schweißhunde auf kurzen Beinen. Die Jäger können den kurzbeinigen Hunden besser folgen und sie sind wendiger im Unterholz. Die Dachsbracken sind deutlich leichter als die Niederlaufhunde.

Für all diese Hunde gibt es in der Erziehung für die Hundehalter die große Aufgabe, die Bindung von Mensch und Hund zu stärken, die Hunde zu sensibilisieren und die Konzentration weg vom Wild zu fördern. Bei sehr territorial veranlagten Hunden, die meist Fremden skeptisch gegenüberstehen, mag es angezeigt sein, bereits dem Welpen die Furcht vor fremden Menschen und Umgebungen zu nehmen. Bei Meutehunden, Schweißhunden und Bracken wäre dies jedoch kontraindiziert.

## BINDUNG IST WICHTIG

*Die Bindung an die Bezugsperson oder Familie sollte von Beginn an gefördert werden. Es ist wenig sinnvoll, diese Hunde häufig mit anderen Menschen „Gassi“ zu schicken oder sie im Freilauf „ihr Ding“ machen zu lassen. Sie versinken förmlich in der Welt der Gerüche und es wird ganz schnell sehr schwer, sie zu beeinflussen und für anderes als Wild zu begeistern. Selbstverständlich sollten sie von Beginn an sinnvolle und anspruchsvolle Nasenarbeit machen dürfen und das nicht nur einmal in der Woche in einem Kurs, sondern täglich im Alltag.*

Es gibt viele Möglichkeiten Nasenarbeit selbst vorzubereiten und dem Hund täglich anzubieten (siehe „Nasenarbeit“). Wenn mein „Nasenkünstler“ die Erfahrung machen darf, von mir eine sinnvolle Nasenersatzjagd angeboten zu bekommen, die ernsthaft und von Erfolg gekrönt ist (Futter verdienen), Spaß macht und spannend ist, dann kann dieser Hund bei mir Normalbürger ebenso glücklich, ausgelastet und zufrieden sein wie bei einem Jäger.

## Windhunde und Laufhunde vom Urtyp

Die ältesten Darstellungen von Windhunden stammen aus der altägyptischen Zeit und sind älter als 4000 Jahre. Schon früh trennten sich die Hunde in zwei phänotypisch (äußere Erscheinung) sehr unterschiedliche Gestalten: die Molosser, doggenartige, schwere Hunde, die zur Jagd auf wehrhaftes Wild wie Wildschweine (Saupacker) eingesetzt wurden, die Höfe bewachten oder im Krieg und zum Beispiel bei Gladiatorenkämpfen eingesetzt wurden, und die hochläufigen, leichten Windhunde, die das Wild wie zum Beispiel Hase und Kaninchen hetzen und zu Fall bringen sollten.

*Der Podenco Andaluz ist nicht nur ein Sicht-, sondern auch ein hervorragender Nasenjäger.*

Windhunde sind Sichtjäger, die bei den berittenen, nomadischen Völkern bis heute auch vom Pferd auf Wild angesetzt werden. Sie sind nach den Geparden die schnellsten Landtiere unseres Planeten und ein Greyhound soll auf eine Geschwindigkeit von bis zu 70 Stundekilometer kommen. Einige Fachleute sprechen sogar davon, dass der Greyhound auf sehr kurzen Abschnitten die 100 Stundenkilometer erreicht.

Nicht alle Rassen dieses Hundetyps sind für die Jagd auf kleines Wild gezüchtet worden. Der russische **Barsoi**, der schottische **Deerhound** und der **Irish Wolfhound** wurden sowohl zur Jagd auf Wölfe als auch Hirsche eingesetzt. **Afghanische Windhunde** sollen vor ihrer Karriere als Ausstellungshunde in Gruppen sogar Schneeleoparden gehetzt haben. Der afrikanische **Azawakh** wird als Jagd-, Wach- und Schutzhund der nomadisch lebenden Bevölkerung der Sahelzone vor allem in Mali und Niger gehalten. Nicht selten wird er mit dem **Sloughi** aus Nordafrika verwechselt. Auch der Sloughi ist sowohl Jagd- als auch Wachhund und lebt mit den Beduinen im Zelt.

Die Windhunde werden geschätzt und sind ihren Familien wichtig. Im Islam gibt es sich widersprechende Meinungen zur Reinheit/Unreinheit von Hunden und es lassen sich sowohl Koranstellen finden, die für das Halten von Hunden sprechen, als auch Überlieferungen (Hadithen), die bis ins 8. Jahrhundert zurückgehen, die davon berichten, dass Mohammed die Tötung von Hunden anordnete. Besonders schwarze Hunde werden als Teufel bezeichnet. Windhunde wie **Saluki** (Tazi), Sloughi, oder Afghane werden jedoch von ihren Menschen hoch geschätzt und als Geschenk Mohammeds angesehen.

Da Windhunde Sichtjäger sind, ist es wichtig, schon mit dem Welpen an der sogenannten „steadyness" zu arbeiten, der Selbstkontrolle an bewegter Beute (siehe „Visuelle Desensibilisierung"). Einem Windhund keine adäquate Beschäftigung als Ersatz für die Hetzjagd anzubieten, wäre für diese einseitig sehr hoch begabten Hunde nicht artgerecht. Und sollte man tatsächlich keine Lure-Coursing-Maschine im Reihenhausgarten unterbringen können, ist ein viel-

*Der Irish Wolfhound ist die größte Hunderasse und wird heute kaum mehr für die Jagd verwendet.*

seitiges Training an der Hetzangel möglich. Dies schult sowohl die Koordination des Hundes, meist auch des Menschen, macht Spaß und zudem ermöglicht es Erziehung durch Beschäftigung (siehe „Hetzjagd"). Selbstverständlich kann ein Windhund auch apportieren lernen oder seine Nase gebrauchen, dennoch wäre er kein glücklicher Hund, wenn er nicht seine eigentlichen Fähigkeiten nutzen und formen dürfte.

Die Laufhunde vom Urtyp aus Südeuropa sehen den Windhunden vom Körperbau her sehr ähnlich (**Pharaonenhund, Cirneco dell`Etna, Hellinikos Ichnilatis,** die verschiedenen **Podenco**-Rassen usw.), zeichnen sich jedoch durch auffallende Stehohren aus, die wir bei den Windhunden nicht finden. Bereits auf alten ägyptischen Abbildungen um 3800 v. Chr. finden sich Hunde dieses Typs. Sie sind jedoch keine reinen Sichtjäger wie beispielsweise der **Galgo**, der ein spanischer Windhund ist, sondern auch hervorragende Nasenjäger. Einige dieser Rassen haben sich seit der Antike wohl kaum verändert und sich ihr Erbe auf Inseln (Malta, Kanaren, Sizilien) erhalten können. Besonders der **Podenco Ibicenco** wird aufgrund seines sehr freundlichen Wesens häufig durch Tierschützer nach Mittel- und Nordeuropa gebracht und stellt durch seine extreme Jagdleidenschaft seine Halter vor große Aufgaben. Da sowohl Sicht- als auch geruchliche Reize Auslöser für eine Hetze sein können, ist es besonders schwierig, sich mit diesen Hunden in „freier Wildbahn" zu bewegen.

*Das sanfte Wesen eines Galgos sollte nicht über seine Jagdleidenschaft hinwegtäuschen. Ein Leben an der Leine ohne ersatzjagdliche Auslastung ist nicht artgerecht.*

Der Aufbau von Selbstkontrolle und die Teambildung mit dem Menschen müssen im Vordergrund der Erziehung und gemeinsamen Aktivität stehen. Wie bei vielen Rassen, deren Sinne relativ gleich stark in die jagdliche Aktivität eingebunden sind (Vorstehhunde, Stöberhunde, Hunde vom Urtyp usw.), ist es vor allem in der Jugendzeit notwendig, an der Konzentrationsfähigkeit des Hundes zu arbeiten. Ihnen fällt es schwer, Reize zu filtern, sich auf das Wesentliche zu konzentrieren. Hundehalter erleben ihre Hunde oft als förmlich weggetreten, dringen zu ihren vierbeinigen Jägern nicht mehr durch und beidseitige Frustration ist die Folge.

Die langsame Annäherung an jagdliche Reize und Umgebungen (siehe „Effektkontrolle“ und „Frustrationstoleranz“) ist zwar mühsam, lohnt sich jedoch für Hund und Halter.

### FREILAUF NUR UNTER AUFSICHT

*Ein Welpe, der von Beginn an frei in Wald und Feld laufen darf, mag zu Beginn noch seinem Menschen folgen, wird aber sehr schnell feststellen, dass die Welt mehr zu bieten hat als Feldweg und Wanderpfad und er wird seinen Radius ausdehnen. Da Hundeeltern ihren Welpen niemals Freilauf in einem unübersichtlich großem Gebiet gestatten würden, brauchen wir Menschen kein schlechtes Gewissen zu haben, wenn wir es genauso wie die besten Hundeeltern machen: Erst wird die Kommunikation und Konzentration erlernt, dann geht es weit hinaus.*

## Herdenschutzhunde

Zu Beginn der gemeinsamen Entwicklung von Mensch und Hund lebten wir als Jäger und Sammler. Die Domestikation weiterer Tierarten wie des Mufflons zum Schaf, des Auerochsen (Urochse) zum Rind und des Wild- zum Hausschwein wird auf etwa 11.000 v. Chr. datiert, die Katze wurde erst einige tausend Jahre später zum Hausgenossen der Menschen (etwa 7000 v. Chr.). Pferde finden sich in der menschlichen Kultur als Nutztiere erst seit 5000 bis 6000 Jahren.

Die wertvollen Nutztiere wurden stets durch Beutegreifer wie Wölfe und Füchse oder durch Raub bedroht und so ist es nicht verwunderlich, dass sehr schnell zu den domestizierten Nutztieren hündische Spezialisten als Wächter der Herden gesellt wurden. Diese Hunde zum Schutz der Herden waren stärker und wehrhafter als die flinkeren Jagdhunde und hatten die gleichen Vorfahren wie die doggenartigen Hunde. Sie haben immer eine starke territoriale Veranlagung, die ihnen gebietet, ihr Eigentum vor allem Fremden zu beschützen. Herdenschutzhunde sind bis heute ernsthafte, verantwortungsbewusste, erwachsene Hundetypen, die in vielen entlegenen Landstrichen ihre Arbeit an der Herde versehen.

Diese Hunde haben meist langes, dichtes Fell, sind körperlich robust und durchsetzungsstark und engagieren sich im Team mit dem Menschen nur, wenn ihnen dies sinnvoll erscheint. Sie sind nicht sehr schnell und keinesfalls mit den leichteren und wendigeren Treib- und Hütehunden zu verwechseln.

Herdenschutzhunde hüten die Herde nicht, sie bewegen sie nicht fort, sondern bewachen sie auf fester Position. Besonders nachts, wenn der Schäfer schläft, sind sie wach und überaus aufmerksam und verteidigungsbereit. Auch heute noch werden sie nicht selten mit Stachel bewehrten Halsbändern ausgestattet, damit Wölfe sie nicht an der Kehle fassen können. Leider verhindert das sperrige Halsband auch, dass die Hunde ihren Kopf zur Ruhe und im tiefen Schlaf ablegen können.

Herdenschutzhunde sind sogenannte Minimalisten. Sie haben keinen ausgeprägten Jagdinstinkt und ernähren sich nicht selten während ihrer Arbeit des Wachens über die Herde von Mäusen und Kaninchen, die sie ausgraben. Es ist auch nicht unbedingt nötig, dass sie täglich fressen, und sie verbrauchen erstaunlich wenig Energie und Kalorien. Daraus ergibt sich, dass sie nicht unbedingt euphorisch auf Beschäftigungsvorschläge reagieren, sondern erst einmal prüfen, ob diese ihnen sinnvoll erscheinen. Es ist eine Herausforderung, diese Hunde zu erziehen und mit ihnen ein Team zu bilden.

## RESSOURCEN

*Herdenschutzhunde arbeiten selbstständig und behaupten lieber ihre Ressourcen (mein Platz, meine Herde, mein Knochen, mein Besitz), als hinter einem jagdlichen Reiz herzulaufen. Manchmal wird der eigene Mensch zur Ressource und es erfordert Hundeverständnis und Geduld, diesen Hunden zu erklären, dass man der bessere „Hund“ ist.*

Herdenschutzhunde finden sich in allen Gesellschaften, die Vieh halten, welches von Beutegreifern bedroht wird. Mit der Rückkehr der Wölfe nach Westeuropa bekommen auch hier diese Hunde langsam ihre Aufgabe zurück. Dort, wo sie noch ihrer eigentlichen Arbeit nachgehen und nicht züchterisch auf Aussehen und „Gesellschaftsfähigkeit“ gezüchtet werden, finden sich sehr ernsthafte Hunde. Je weiter östlich oder südlich diese Hundetypen leben, desto ernsthafter sind sie noch in ihrer Arbeit verwurzelt. Der **Kaukasische Owtscharka**, der türkische

*Landseer und Neufundländer wurden zu Helfern von Fischern, nachdem sie mit den Auswanderern von Europa nach Nordamerika übersiedelten.*

**Kangal** und **Akbas** oder der **Aïdi** aus Marokko sind originale Arbeitstiere, während beispielsweise der **Leonberger** etwas „leichtführiger" ist. Das liegt daran, dass die westeuropäischen Herdenschutzhunde nur noch sehr selten ihrer ursprünglichen Aufgabe nachkommen, sondern eine andere Verwendung erfahren haben.

Die südeuropäischen Auswanderer haben beispielsweise ihre Herdenschutzhunde mit auf den amerikanischen Kontinent genommen, wo in mehreren Jahrhunderten die Aufgabe als Fischerhelfer und Robbenjäger den **Neufundländer** formte.

Diese längerfristige Veränderung wird durch Selektion und Zuchtauswahl möglich, wobei darauf geachtet wurde, welche Eigenschaften für welche Arbeit nötig waren.

Da der Jagdinstinkt bei den Herdenschutzhunden nicht sehr extrem ausgeprägt ist, ist es häufig schwer, sie zur Beschäftigung zu motivieren. Die Arbeit mit dem Futterbeutel stellt jedoch einen ernsthaften Beitrag zu ihrem Lebensunterhalt bei und wird meist begeistert angenommen. Das Spiel mit einem Ball ist dagegen ein Kinderspiel, das diese erwachsenen Hunde belächeln und gern naiven Menschen überlassen, die sie dabei souverän betreuen. Wenn ich diese Hunde jedoch von einer gemeinsamen Aufgabe überzeugt habe, dann habe ich etwas Großes erreicht und mein Hund kann mich respektieren.

## Treibhunde

Treibhunde vereinen in sich die ernsthafte, stark territoriale Veranlagung der Herdenschutzhunde und die größere Flexibilität der eingekreuzten Jagdhunde. Sie schützten und trieben die Herden auf langen Viehtrieben, in Deutschland auf den sogenannten „Ochsenwegen". Sie setzen sich gegen starke Rinder durch. Ihre Aufgabe verlangt von ihnen wache Sinne, um Gefahren abwenden zu können. Der Schwerpunkt ihrer Wahrnehmung der Umwelt und somit ihres Jagdverhaltens liegt aber eindeutig auf dem visuellen Sinn.

Alle Hunde, die am Vieh arbeiten, reagieren besonders stark auf optische Reize. Bedeuten sie doch, dass sich entweder ein Tier aus der Herde entfernt oder sich jemand der Herde nähert. Beides ist unerwünscht und erfordert sofortiges Handeln. Treibhunde arbeiten relativ selbstständig und übernehmen Verantwortung. Sie sind körperlich robust, skeptisch allem Fremden gegenüber und außerordentlich durchsetzungsstark.

*Der Australian Cattle Dog darf nicht mit den australischen Hütehunden verwechselt werden. Er ist ein typischer Treibhund: robust, selbstständig und durchsetzungsstark.*

Nicht alle Treibhunde entwickeln einen sehr stark ausgeprägten Jagdinstinkt. Wenn sie diesen jedoch nicht haben, dann gilt ihre Aufmerksamkeit häufig der Sicherung von Ressourcen (Stock, Futter, Mensch) oder des Territoriums, was den Menschen ebenfalls vor größere Aufgaben stellt. Ich kenne jedoch keinen Treibhund, der einer Hetzjagd abgeneigt wäre, vorausgesetzt, die Sinnhaftigkeit der Hetzjagd ist für den Hund nachvollziehbar.

Bälle werden sicher gejagt, ihre Funktion liegt aber häufig eher in der Bedeutung, die der Ball bei der Kommunikation hat: Meins! Treibhunde reagieren auf Bewegung, sie haben Kraft und Ausdauer, wenn sie sich etwas in den Kopf gesetzt haben. Die Aufgabe für den Menschen besteht darin, sich als Team-Leader einzubringen und dem Hund zu erklären, dass er nicht selbstständig handeln sollte. Die Gemeinsamkeit und Abstimmung zwischen Mensch und Hund sollten auch in der Ersatzjagd gefördert werden.

In unserer Kultur stecken Treibhunde und ihre Menschen häufig in dem Dilemma, dass in diesen Hunden ein skeptischer und daher durch Fremde und neue Umgebungen häufig leicht zu verunsichernder Geist mit einem sehr robusten und starken Körper kombiniert ist. Egal ob der große **Bouvier des Flandres** oder der kleine **Welsh Corgi, Australian Cattle Dog** oder der **Entlebucher** oder **Appenzeller Sennenhund**. Sie sind ernsthafte Jäger.

*Der Appenzeller Sennenhund setzt sich trotz seiner deutlich geringeren Körpergröße gegen Kühe effektiv durch.*

Das Treiben unterscheidet sich vom Hüten insbesondere durch die härtere Herangehensweise an das Vieh. Das „Zugreifen“ findet sich zwar auch bei einigen alten Hütehundschlägen, ist aber bei den Treibhunden im Verhaltensrepertoire fest angelegt. Die Beute zu greifen und niederzureißen ist in einem Hunderudel die Aufgabe der erwachsenen Tiere. Dazu gehören Mut, Erfahrung und Entschlossenheit. Mut und Entschlossenheit sind die wesentlichen Charakterzüge der Treibhunde. Wehe, wenn sie entscheiden, wo sie „zugreifen“ sollten!

In Sachen Jagdinstinkt der Treibhunde sollte man darauf achten, dass der Mensch entscheidet, was wer wann tut. Darüber hinaus brauchen die Hunde eine körperliche Auslastung gepaart mit Sinngebung. Sie sollten sich nicht in einen Jagd-Rausch hineinsteigern, weder nach einem Ball, Wild, Futterbeutel oder Vieh, sondern sollten gemeinsam mit ihrem Menschen agieren dürfen. Entscheidend ist das Vertrauen in den Menschen dahingehend aufzubauen, dass der Treibhund an jedem Ort der Welt mit seinem Menschen aktiv werden kann, sich nicht vor neuen Herausforderungen fürchten oder sie allein bewältigen muss.

Trotzdem Treibhunde sehr begabte Sichtjäger sind, haben sie dennoch eine gute Nase und es wäre sinnvoll, ihnen auch eine Herausforderung für den Riechsinn anzubieten, damit sie ihre Konzentration schulen und ihren Horizont erweitern können (siehe „Nasenarbeit“). Es ist wichtig, sich durch ihr festes Wesen und ihren robusten Körper nicht darüber hinweg täuschen zu lassen, dass sie manchmal unsicher sein können, sich beispielsweise in fremder Umgebung nicht konzentrieren oder setzen können. Dies hat nichts mit Ungehorsam, sondern mit kurzzeitiger Überforderung zu tun und es ist ratsam, die Kommunikation und Signale des Hundes genau zu beobachten und zu interpretieren.

Ziel des gemeinsamen Trainings zur Ersatzjagd sollte sein, das Vertrauen und Miteinander zu stärken, den körperlich unsensiblen Hund zu sensibilisieren und seine Wahrnehmung zu flexibilisieren – weg vom Schubladendenken zu mehr Offenheit und Kommunikation. Die Reizschwelle der Treibhunde ist im Vergleich zu der der Herdenschutzhunde wesentlich niedriger angelegt. Sie haben meist wenig Geduld und eine geringe Frustrationstoleranz. Das erklärt sich daraus, dass sie umgehend handeln sollten, sobald eine Bewegung des Viehs in die falsche Richtung erfolgt. Zudem gehen sie leicht über ihre körperlichen Grenzen, haben eine hohe Spannung im Körper, die ebenfalls in ihrem Job begründet liegt. Wochenlang eine Herde durch alle Gefahren und Orte zu begleiten, zu treiben und zu hüten, „allzeit bereit" zu sein, fordert einen relativ „harten" Hund, der sich nicht schont.

Häufig erledigen die Treibhunde diese Aufgabe auch in ihren Familien. Ob dies gewünscht ist oder nicht, die Beaufsichtigung des Spiels der Kinder, besonders wenn Freunde zu Besuch sind, ist sicher kein guter Zeitvertreib für diese Hunde. Treibball ist eine gute Beschäftigung, die einen Treibhund sowohl körperlich als auch geistig fordert, das Teamplay fördert und in Verbindung mit einem abschließenden Fressen aus dem Futterbeutel auch Sinn für die Hunde macht. Erst das Vieh treiben, dann die Beute apportieren und essen – ganz so, wie es in ihrer realen Arbeitswelt auch gewesen ist.

Obwohl der Corgi und auch der Cattle Dog keine großen Hunde sind, sollte man sie nicht unterschätzen und sich sehr gut mit ihrem Territorialverhalten beschäftigen. Sie ersatzjagdlich zu beschäftigen, ist sicherlich das kleinere „Problem", der Umgang mit Beute, Ressource und Territorium ist die wahre Herausforderung für einen Treibhund-Halter. Ihre Robustheit im körperlichen Umgang mit der Umwelt bedarf einer Sensibilisierung, am besten bereits ab dem frühen Welpenalter.

## Hütehunde

Hütehunde begleiten in Europa seit dem Mittelalter die Wanderweidehaltung der Schaf- und Viehhirten. Ihre Aufgaben umfassen den Schutz, die Fortbewegung und Begrenzung der Herden unter Anleitung des Schäfers. Durch die Zunahme der Bevölkerung und die sich daraus ergebenden Anforderungen an die Versorgung der wachsenden Menschenzahlen hat sich auch die Viehhaltung im Mittelalter verändert. Zur Woll- und Fleischproduktion wurden immer größere Viehherden gehalten, die ihren Weg in die Ballungszentren der Menschen finden mussten. So wurden in die schwereren Treibhunde, welche die Herden auf den Ochsenwegen begleitet haben, leichtfüßige Jagdhunde eingekreuzt, damit die Hütehunde auf jedem Terrain und an jeder Art Vieh eingesetzt werden konnten.

Die verschiedenen Hütehunde unterscheiden sich stark in ihrem Wesen. Die **Altdeutschen Hütehunde** zeigen einen viel herberen Umgang mit dem Vieh als beispielsweise der Border Collie. Dennoch ist der **Border Collie** nicht weichgespült und der Schäfer achtet genau darauf, dass die Hunde nicht „zugreifen" und das Schaf verletzen. Der **Tibet-Terrier** ist ebenfalls ein Hütehund und kein Terrier. Die kleinen, fast possierlich wirkenden Tibeter sind wahre Durchsetzungskünstler – geschickt und enorm mutig. In Tibet hüten sie bis heute die Yaks, die so unglaublich viel größer, robuster und schwerer als ihre kleinen Bewacher sind! Sie sind in ihrem Verhalten trotz der Schauzuchten, die sich hierzulande finden, sehr original und haben nur einen mäßig ausgeprägten „will-to-please". Darin ähneln sie dem **Bearded Collie**, der ebenfalls in seinem Verhalten noch ein recht robuster Hütehund ist. Der Bearded Collie ist leider sehr von sogenannten „Schönheitszuchten" betroffen, in denen übermäßig langes Fell die Alltagstauglichkeit der Hunde einschränkt. Ursprünglich kommt er aus dem schottischen Hochland und hat dort sehr selbstständig gearbeitet. Das dichte und lange Fell war, ähnlich wie bei den **Langhaar-Collies**, als Schutz vor der Witterung gedacht. Die Aufgabe des Bearded Collies bestand darin, das Vieh, auch Kühe und nicht nur Schafe, zu bewachen und einzelne Tiere zur Herde zurückzubringen.

Ebenfalls auch an Kühen arbeitet der **Australian Shepherd**, der optisch dem Border Collie ähnelt, jedoch selbstständiger arbeitet und „Cowboys" zu Pferde beim Hüten der Rinder unterstützt. Sich mit Kühen auseinanderzusetzen erfordert

*Trotzdem sich Australian Shepherd und Border Collie optisch ähneln, unterscheiden sie sich deutlich in Temperament und Arbeitsweise.*

einen starken Durchsetzungswillen beim Hund und genug Selbstbewusstsein, um für sich selbst einzustehen. Der „Aussie" gilt heute als der klassische Reitbegleithund und man findet ihn häufig bei Westernreitern und weniger im Einsatz als Hütehund. Auch bei diesen Hütehunden gibt es die Showlinie, deren Übermaß an sehr schmückendem Fell einem echten „Hütejob" eher hinderlich wäre, und die Arbeitslinie mit der dezenteren Optik. Die Schafzüchter Australiens formten aus stockhaarigen Collies der englischen Siedler und Dingos (so wird es vermutet) den **Australian Kelpie**, einen wahren Spezialisten, der bestens den extremen klimatischen Bedingungen des australischen Kontinents und der Arbeit mit den Schafen angepasst ist. Es gibt den von der FCI anerkannten **Australian Kelpie** und den **Working Kelpie**. Beide unterscheiden sich deutlich in der Statur und im Temperament. Der Working Kelpie ist leichter, flinker, hochbeiniger und wird noch sehr häufig von Schaftzüchtern eingesetzt, obwohl er auch immer mehr Freunde im „Hundesport" findet.

*Der Working Kelpie ist immer konzentriert bei der Arbeit.*

In Belgien werden seit Jahrhunderten Lang-, Kurz- und Stockhaarige Hütehunde verwendet, die im späten 19. Jahrhundert als Rassen anerkannt wurden (**Tervueren, Groenendael, Malinois, Laekenois**) und aus den Landschlägen der Schäfer und Bauern hervorgingen. Besonders der Malinois hat inzwischen im Diensthundewesen und Hundesport seine Verwendung gefunden, da er das Temperament, die feinen Sinne, die Fähigkeit zu Teamwork, die Bindungsfähigkeit ausschließlich an eine Person und die vielseitige Begabung (olfaktorisch und visuell) mitbringt, die ihn für viele Hundesportler, Diensthundeführer usw. interessant macht. Leider ist es so, dass viele dieser feinsinnigen und sehr ernsten Hunde durch den rauen Ton und die harte Erziehung in einigen Vereinen und Institutionen entweder gebrochen oder desensibilisiert werden.

Auch den **Holländischen Schäferhund** gibt es in den unterschiedlichen Felltypen Lang-, Kurz- und Stockhaar. Allerdings wirken die Holländer durch ihr gestromtes Fell ursprünglicher und da diese Hunde seltener im Hundesport oder auf Zuchtschauen zu finden und weniger beliebt als die deutschen und belgischen Schäferhunde sind, haben sie sich viel ihrer Ursprünglichkeit bewahrt. Auch der **Deutsche Schäferhund** ist ursprünglich, wie sein Name sagt, ein Hütehund, ist mittlerweile aber so gezüchtet worden, dass nur noch wenige Vertreter ihrer Aufgabe körperlich gerecht werden und an Schafen arbeiten können.

*Der Holländische Schäferhund ist bei uns noch weniger populär als seine belgischen Verwandten.*

In allen Staaten, in denen Vieh gehütet wird, finden sich in den verschiedenen Landstrichen diverse Hütehundschläge, die ihrer Umgebung und Aufgabe angepasst gezüchtet wurden. Es gibt selbstständiger und abhängiger arbeitende Hütehunde, im Vergleich zum Treib- oder Herdenschutzhund sind sie jedoch alle sehr kooperativ und beeinflussbar. Genau das bedingt, dass sie leicht für nicht artgerechte Aufgaben missbraucht werden und über ihre Kräfte in Sportarten wie Agility beansprucht werden. Sie lassen sich zu Balljunkies formen oder für Tricks und anderen Unsinn einspannen, weil sie Teamplayer sind. Sie kommunizieren sehr fein und sind sensibel und daher leicht zu überfordern. Sie sind so speziell für ihre Aufgabe ausgestattet, dass sie häufig Probleme mit ihrem Dasein als

Begleithund in heutiger Zeit und unserer Zivilisation haben. Und damit meine ich nicht etwa die Unterbeschäftigung, da ihnen das Hüten fehlt. Dafür lassen sich ausreichend sinnvolle Alternativen finden.

Stellt man sich einen Hütehund auf einer Weide bei den Schafen vor, so sieht man ein Bild mit viel Grün und etlichen weißen oder braunen Punkten, wenig Bäumen, eventuell ein paar Hügeln und sonst nichts. Das Auge des Hütehundes ist bei der Herde und schweift durch die Umgebung, um Gefahren zu sichten. Im Vergleich zum Treibhund ist der Hütehund noch viel mehr „an", kann noch schlechter Reize filtern, neigt noch mehr dazu, ein Junkie zu werden, steigert sich noch viel mehr in etwas hinein und ist viel leichter beeinflussbar und lenkbar als ein Treibhund. Viele dieser Hunde werden mit zunehmendem Alter krank, weil sie in einer ständigen Reizüberforderung leben, weil ihr Filtersystem versagt und der Mensch sie nicht davor schützt.

Hütehunde sind hauptsächlich Sichtjäger, verfügen aber über eine fantastische Nase, können sich ungemein gut konzentrieren und begeistern und sind zudem zur Zusammenarbeit bereit. Nicht selten werden sie deswegen als Sportgeräte, Kinderspielzeug, Reitbegleiter oder Hüte-Automaten missbraucht. Und viele Hütehundhalter sind nach stundenlanger Beschäftigung mit ihrem Hund immer noch davon überzeugt, dass sie ihm nicht ausreichend Input angeboten haben. Es hält sich die Mär vom Nimmer-Beschäftigungs-satten Hütehund, der nur an Sportler abgebeben werden darf – oder an Schäfer.

## JAGDINSTINKT BEI HÜTEHUNDEN

*Da Hütehunde, wie alle anderen Hunde dieser Welt auch, einen Jagdinstinkt haben und Hüteverhalten diesem Instinkt entspringt, sollten wir ihnen selbstverständlich eine Ersatzjagd zum Wohle des Hundes und auch zum Wohle der Schafe, Rehe und Kaninchen unserer Umwelt anbieten. Dabei soll es nicht um Quantität, sondern um Qualität gehen.*

Besonders bei Hütehunden ist der sensible Aufbau der Beschäftigung, die Anpassung des Lernumfeldes (zuerst bekanntes, dann unbekanntes Terrain), die sorgfältige Gewöhnung an Ablenkungsreize und neue Inhalte wesentlich. Allzu leicht täuschen diese Hunde durch ihren Aktionismus über Unsicherheiten und Überforderungen hinweg und ihre sehr feine Kommunikation wird übersehen. Das Angebot von Nasenarbeit hilft Skepsis und Unsicherheiten zu überwinden.

## Doggen, Kampf- und Kriegshunde

In der Antike kannte man die römischen „Molosser“ – kurzhaarige, sehr ernsthafte und territoriale Hunde, die in mehreren Bereichen eingesetzt wurden. Sie bewachten die Herden und Höfe, halfen bei der Jagd auf Großwild und wurden im Krieg und in den Arenen zum Kampf eingesetzt. Ihre Entstehung ist stark mit der Domestikation anderer Tiere und der Sesshaftwerdung der Menschen verknüpft, da der Besitz von Vieh und Vorräten eine Bewachung vonnöten machte. Die ernsthaften und schweren Hunde der Menschen der Jungsteinzeit wurden ebenso gezielt miteinander gekreuzt wie die leichteren, weniger territorial veranlagten, sodass sich unterschiedliche Typen entwickelten. Die unterschiedlichen Lebensräume und Kulturen beeinflussten die Optik der Hunde ebenso maßgeblich wie ihre Spezialisierung auf bestimmte Aufgaben.

Die heute als Doggen, Kampf- und (ehemalige) Kriegshunde bezeichneten Hunderassen entstanden aus den Molossern der Antike, die zur Jagd auf wehrhaftes Wild verwendet wurden. „Saupacker“, „Hatzrüden“, „Bärenbeißer“ und „Hirschhund“ beschreiben die ursprüngliche Verwendung. **Deutsche Dogge, Car-**

*Der Dogo Argentino wurde auf Kraft und Mut gegenüber wehrhaftem Wild gezüchtet. Das erklärt seine körperliche Robustheit und Hyposensibilität.*

**ne Corso, Fila Brasiliero, Dogo Argentino** oder **Dogo Canario** sind einige der großen Vertreter dieses Hundetyps. **Französische Bulldogge, Englische Bulldogge** und **Mops** sind die kleinen Typen. Ein besonderer Vertreter dieses Hundetyps in mittlerer Größe ist der **Shar Pei**, der in China ursprünglich zur Wildschweinjagd gezüchtet wurde, also ein „Saupacker“ ist. Die breite und gepolsterte Schnauze sollte ursprünglich Verletzungen verhindern, ist heute aber in der bekannten Form Ergebnis der Schauzucht. Und die vielzähligen Falten, die den Shar Pei-Welpen so spektakulär machen, sind weder gesund noch notwendig. Die übertriebene Gesichtsfaltung macht es diesen Hunden extrem schwer, mit anderen Hunden zu kommunizieren. Ihre Veranlagung als starker, selbstständiger Großwildjäger ist aber noch voll erhalten geblieben.

*Bevor Doggen zu Showhunden wurden, setzte man sie für die Großwildjagd ein.*

Sowohl den großen als auch den kleinen doggenartigen Hunden ist gemein, dass sie sehr territorial veranlagt sind, sehr durchsetzungsstark und unnachgiebig sein können, körperlich stark und (körperlich!) unsensibel sind. Da sie aber nicht selten sehr skeptisch gegenüber Fremden, unbekannten Hunden und neuer Umgebung sind, scheinen sie robuster, als sie eigentlich sind, und werden durch unsensiblen Umgang mit ihrer Ernsthaftigkeit nicht selten überfordert. Das Ergebnis sind besonders bei den kleinen Vertretern dieses Hundetyps unduldsame Tiere, die offensiv nach vorn gehen, da sie sich nicht anders zu helfen wissen.

Ihre relativ eingeschränkten mimischen und körpersprachlichen Fähigkeiten verstärken dies noch. Sie kommunizieren viel über Körperhaltung und -spannung, Positionen und den Umgang mit Ressourcen und werden oft von ihrer Umwelt nicht verstanden oder missinterpretiert.

Eine weitere Spezialisierung erfuhren die Molosser in den von Menschen inszenierten Tierkämpfen, in denen große Hunde Bullen in der Arena niederringen sollten, während der Mensch Geld auf den Ausgang des Kampfes verwettete. Die Bullenbeißer (zum Beispiel die Englische Bulldogge), von denen auch der Boxer abstammt, durften körperlich nicht empfindlich sein, ihre Reizschwelle anzugreifen nicht sehr hoch, die Hemmung, Beute zu greifen, minimal. Diese Hunde wurden auch auf Schlachthöfen eingesetzt, um die Rinder durch Bisse in die Nase zu fixieren, und es wird behauptet, dass das Fleisch der Rinder durch die Ausschüttung von Stresshormonen durch den Schmerz besonders zart wurde. Die zurückgezüchtete Schnauze ermöglicht das Festbeißen in der Beute, ohne dabei die Nase zu blockieren.

## HOHE HEMMSCHWELLE

*Im Allgemeinen sind die großen molossoiden Hunde mit einer sehr hohen Hemmschwelle ausgestattet; sie erscheinen sehr lange sehr entspannt. Wenn ihre Grenze jedoch überschritten wird, agieren sie ernsthaft und kompromisslos.*

Die sogenannten Kampfhunde entstanden durch das Einkreuzen von raubzeugscharfen Terriern (wie zum Beispiel Deutscher Jagdterrier) in die Bullenbeißer, nachdem das Bullenbeißen verboten wurde, und es entstand zum Beispiel der Staffordshire Terrier. Die sogenannten Kampfhunde sind – aus einer entsprechend verantwortungsbewussten Zucht – duldsame und freundliche Hunde, die allerdings, wenn sie einmal zubeißen, oft nur schlecht wieder loslassen können.

Alle beschriebenen Hunde sind hauptsächlich auf Sicht jagende Hetzjäger, die einen ausgeprägten und sehr ernsthaften Jagdinstinkt haben. Ich habe schon mehrfach Möpse und Französische Bulldoggen im Training erleben dürfen, die mit großer Begeisterung und Hingabe Futterbeutel gejagt haben. Ich staune, wenn ich in Zeitschriften von der angeblichen Nichtausprägung des Jagdinstinktes beim Mops lesen muss.

Im Training sollte man unbedingt sensibel an der Frustrationstoleranz dieser Hunde arbeiten, denn man sieht nicht immer an ihrer Mimik, wie sie sich gerade fühlen. Die Kontrolle an bewegter Beute und die Desensibilisierung auf Sichtreize

Der Boston Terrier gehört zu den kleinen molossoiden, doggenartigen Hunden und ist kein Terrier.

stellen den wichtigsten Teil des Jagdkontrolltrainings dar, vorausgesetzt, dass für Mensch und Hund das Zusammenwirken und Arbeiten im Team bereits selbstverständlich ist. Dieser Hundetyp muss von den Fähigkeiten und Kompetenzen seines Menschen überzeugt werden. Mit Härte erreicht man nur, dass die Hunde auch hart und stumpf werden.

Wir haben auch einen jungen Boxer in der Mantrailing-Gruppe und ich freue mich darüber, dass es ihm und seiner Besitzerin großen Spaß macht. Die eigentliche Herausforderung für die beiden ist jedoch, Gelassenheit und Souveränität des Hundes in Situationen mit fremden Hunden oder Menschen zu entwickeln. Trotzdem diese Hunde körperlich so stark erscheinen, sind sie doch häufig wahre Sensibelchen, da sie das Leben sehr ernst nehmen und sie so oft verkannt werden oder Opfer von Hundehaltern sind, die selbst nicht über die augenscheinliche Stärke ihrer Hunde verfügen und sich mit ihnen stärker fühlen wollen. So ein Mensch wird seinen Hund ja leider nicht sehr sensibel erziehen.

## KLEINE MOLOSSER ERNST NEHMEN

*Da Mops und Französische Bulldogge ja augenblicklich wieder sehr in Mode sind, kann ich nur jeden interessierten Halter dazu auffordern, sich durch das kleine und „lustige" Äußere des Hundes nicht blenden zu lassen, sondern auch die kleinen Molosser ernst zu nehmen und sich deren Erbe als Großwildjäger vor Augen zu halten. Sie wollen nicht lebenslang mit anderen Hunden spielen und werden aufgrund ihrer eingeschränkten Mimik auch häufig von denen abgelehnt und angefeindet, sondern sie wollen große Aufgaben bewältigen und sich ihr tägliches Brot ernsthaft verdienen!*

Es braucht sehr lange, bis die Molosser-Abkömmlinge einsehen und anerkennen können, was wir ihnen anbieten, aber wenn wir sie überzeugt haben, dann ein Leben lang. Und es lohnt sich, ruhig, souverän und konsequent mit diesen Hunden umzugehen. Wenn sie sich wohl und verstanden fühlen, können sie herrlich albern und bis ins hohe Alter verspielt sein. Das setzt jedoch voraus, dass ich ihnen eine angemessene Beschäftigung, einen Jagdersatz anbiete, der sie sowohl geistig als auch körperlich fordert, damit sie sich rundum wohlfühlen.

Natürlich ist für einen Hetzjäger die Jagd an der Angel eine adäquate Beschäftigung, andererseits sollte ich auch darauf achten, die Motorik dieser Kraftpakete zu schulen, sie durch Geschicklichkeitsübungen, die für sie eine wahre Herausforderung bedeuten, geistig zu stärken und sensibler zu machen.

## Hof- und Bauernhunde

Dieser Hundetyp entstand ebenfalls aus den schweren und starken Hunden der Jungsteinzeit, sie entwickelten sich jedoch anders als die jagdlich verwendeten Molosser der Antike. Ihr Erbe ist eher bei den Herdenschutzhunden zu finden. Die **Schweizer Sennenhunde** gehören dazu, ebenso der **Österreichische Pinscher** und der **Hovawart**. Hofhunde sind nicht so spezialisiert wie Herdenschutzhunde und

*Hovawarten reicht es nicht aus, nur den Hof zu bewachen, sie sollten sinnvoll körperlich und geistig ausgelastet werden.*

sind flexibler in ihrem Lebensumfeld einzusetzen. Sie bewachen ihr Territorium, helfen beim Viehtrieb, jagen nicht selten auch Ratten und Mäuse (Einkreuzung Solitärjäger, zum Beispiel Riesenschnauzer, Dogge, Pudel, Schnauzer) und es finden sich sehr unterschiedliche Ausprägungen dieses Hundetyps.

Allen zu eigen ist ein relativ stark ausgeprägter Territorialinstinkt und das klare Gefühl für „meins" und „deins". In Großbritannien finden sich zum Beispiel mittelgroße Terrier, die von ihrer Verwendung her auch zu den Hofhunden zu zählen sind: der **Irish Soft Coated Wheaten Terrier** und der **Kerry Blue Terrier** wurden zur Bewachung der Höfe, aber auch zum Kurzhalten von Ratten und Mäusen und zum Hüten des Viehs eingesetzt.

Letztendlich unterscheiden sich die verschiedenen Hofhunde durch ihre Verwendungsgeschichte, die untrennbar mit der Kulturgeschichte des Menschen verbunden ist. Die mittelgroßen Terrier Irlands sind wahre Tausendsassa, die in einem Individuum Jagdhund, Hofhund und Hütehund, Solitärjäger und Teamplayer sein mussten, da ihre Besitzer sich nicht mehrere Hunde hätten leisten können. In ländlichen Kulturen, in denen kleine Bauern kaum ihr Auskommen hatten, mussten die Hunde jeden Job machen können, der sich anbot, um ihre Menschen zu unterstützen.

*Der Berner Sennenhund ist ein beliebter Familienhund. Das Aussehen sollte aber nicht über sein Temperament hinwegtäuschen.*

In der Schweiz hält man zwar bis heute große und stattliche Hofhunde, die den Herdenschutzhunden deutlich ähnlicher sind als die irischen Hofhunde es je sein werden, dennoch war es auch dort unvorstellbar, einen nicht tauglichen Hund durchzufüttern. Heute findet man besonders bei den **Berner Sennenhunden**, die ja schon länger aufgrund ihrer spektakulären Fellfärbung (Trikolor) und ihres „Plüsches" für den nicht einen Hof besitzenden Hundehalter auf Optik gezüchtet wurden, Knochenprobleme wie HD und Arthrose. Solche Hunde wären als Hofhunde konsequent nicht weitervermehrt worden, da sie ihrer körperlich anspruchsvollen Arbeit auf der Sommerweide mit den Rindern nicht hätten nachkommen und ihren Lebensunterhalt nicht hätten verdienen können.

Hof- und Bauernhunde waren keine Spezialisten, sondern robuste Vielkönner, die nicht vom Adel sondern vom einfachen Bauern gehalten und gebraucht wurden. Die Nähe vom Hof- zum Treibhund ist groß und einige Rassen könnten auch dort eingeteilt werden (zum Beispiel **Appenzeller** und **Entlebucher Sennenhund, Bouvier des Flandres**), wobei der Treibhund immer ein Sichtjäger ist und die großen Sennenhunde eher dem Herdenschutzhund zuzuordnen und in ihrem Jagdverhalten etwas dezenter sind.

Die Hofhunde mit Solitärjäger-Einschlag wie die irischen Bauernterrier, **Riesenschnauzer** und **Airedale Terrier** gehören auch zu den Sichtjägern und haben eine sehr niedrige Hemmschwelle, sind immer „an“ und der Hundehalter sollte darauf achten, dass diese Hunde die nötige Ruhe bekommen, damit sie tatsächlich lernen können und nicht überdrehen. Die mit Herdenschutzhunden verwandten Hofhunde hingegen brauchen manchmal Ermutigung, um sich auch in fremder Umgebung lockern zu können, flexibel zu sein bzw. zu bleiben und keine allzu große Skepsis dem Rest der Welt gegenüber aufzubauen.

**VERANLAGUNG DES HOFHUNDS**

*Grundsätzlich sollte ich mich mit der Vergangenheit der Gegend beschäftigen, aus der mein Hofhund ursprünglich kommt. Wie haben die Menschen dort gelebt und was ergibt sich daraus in der Veranlagung meines Hundes? Nur wenn ich verstehe, woher mein Hund stammt, kann ich ihm eine angepasste Erziehung und Beschäftigung zuteil werden lassen, mit der Mensch und Hund glücklich werden können.*

## Stöberhunde und Vorstehhunde

Bereits im frühen Mittelalter, bevor die Jäger über Schusswaffen verfügten, wurden Stöberhunde oder Vogelhunde eingesetzt, um Federwild aufzuscheuchen, damit es von Greifvögeln (Beizjagd) geschlagen werden konnte, oder sie trieben die Vögel in große Netze. Heute suchen Stöberhunde selbstständig in Dickichten oder an Gewässerrändern Wild, scheuchen es auf und treiben es den Jägern zu. Dabei arbeiten sie spurlaut, sodass der Jäger an ihrem Jagdgebell verfolgen kann, wo Wild und Hund sich aufhalten. Stöberhunde werden aber auch zur Nachsuche auf angeschossenes Wild und zum Apportieren eingesetzt.

Alle **Spaniel**-Rassen gehören zu den Stöberhunden. Auch der **Deutsche Wachtelhund** ist ein Vogelhund, wie schon der Name sagt. Der holländische

*Der Deutsche Wachtelhund ist einer der wenigen echten Stöberhunde.*

**Kooikerhondje** ist ein Spezialist für die Entenjagd. Der englische **Cocker Spaniel** geht auf spanische Vogelhunde zurück und wurde aus diesen im 19. Jahrhundert speziell für die Jagd auf Waldschnepfen (Woodcock) gezüchtet. Der **Kleine Münsterländer** wird zwar heute ebenso wie der **Epagneul Breton** zu den Vorstehhunden gezählt, stellt aber eine Art Mischform aus Vorsteh- und Stöberhund dar, nicht zuletzt weil die Vorfahren zu den Vogelhunden gehörten.

Die Entwicklung der Jagdkultur durch die Jahrhunderte hat die Jagdhundezucht beeinflusst und dennoch ist besonders bei den alten Vorstehhunden und Stöberhunden die Verwandtschaft mit Bracken unübersehbar.

**Stöberhunde** arbeiten selbstständig, bevor der Jäger zum Einsatz/Schuss kommt und sind daher für den Hundehalter nur mit konsequenter Erziehung und Sinngebung in der Beschäftigung auf die Teamarbeit zu konzentrieren. Sie

*Der Kooikerhondje war ein Spezialist für die Entenjagd.*

reagieren sowohl auf olfaktorische wie auch auf visuelle Reize und haben stets offene Sinne. Die Konzentration nur auf einen Reiz fällt ihnen schwer.

Sie sind leicht abzulenken und scheinen daher häufig desinteressiert an der gemeinsamen Beschäftigung mit ihrem Menschen. Das entspricht jedoch meist nicht den Tatsachen, sondern es fällt einem Hund, der dazu gezüchtet wurde, völlig versunken die Umgebung nach jagdbarem Wild abzusuchen, schwer, sich von seinem Menschen anleiten zu lassen. Der kontinuierliche Aufbau der Konzentration auf die Zusammenarbeit, das Ausblenden jagdlicher Reize und der Aufbau von Geduld und Frustrationstoleranz stellen die größte Herausforderung für einen Stöberhund-Halter dar.

Es ist wichtig, sich immer wieder zu ermahnen, nicht ungeduldig zu werden, wenn in den ersten eineinhalb Jahren immer wieder der Konzentrationsfaden beim Hund reißt und ich mich erneut in ein reizarmes Umfeld zurückziehen muss. Häufig muss ich immer wieder mit bewegten Reizen arbeiten, um die Aufmerksamkeit meines Stöberhundes zu bekommen! Während einige Hunde – hat man sie erst einmal überzeugt – konstant in der Zusammenarbeit mit ihrem Menschen bleiben, kann es durchaus sein, dass ich bei einem Stöberhund in regelmäßigen Abständen vorangegangene Trainingsschritte wiederholen muss. Sie entscheiden sich nicht bewusst gegen die Teamarbeit, sondern werden manchmal von der Vielzahl der vorhandenen Außenreize davongetragen.

Ihre ungeheure Sensibilität wird häufig unterschätzt, da sie durch ihre enorme Aktivität so „lustig" wirken und ihre leichte Ablenkbarkeit als Ignoranz inter-

*Der English Springer Spaniel ist zum Aufstöbern von Niederwild gezüchtet worden.*

pretiert wird. Sie sind jedoch häufig unsicherer, als wir vermuten würden, und bedürfen einer sensiblen Gewöhnung an ihr Umfeld, da ihre offenen Sinne das Risiko von Überforderung bergen. Sie haben sozusagen ein Abgrenzungsproblem, können Reize schlecht filtern (wichtig/unwichtig) und werden daher oft sehr empfindlich Geräuschen und anderen Einflüssen gegenüber. Nicht selten schlägt sich das auf die Verdauung oder die Haut nieder.

So leidenschaftlich die Hunde bei der Jagd sind, so empfänglich sind sie auch für Störungen, Missstimmungen und Traumata und entwickeln Ängste oder auffälliges Verhalten. Wenn man sich vor Augen führt, für welche Aufgaben diese Hunde gezüchtet wurden und in welchem Lebensumfeld sie heute meist leben, dann leuchtet es ein, dass nicht nur Jagdkontrolle eine große Herausforderung darstellt, sondern auch der gelassene und konsequente Umgang mit der hypersensiblen Veranlagung der einstigen Vogeljäger.

**Vorstehhunde** sind die „modernsten“ Jagdhunde und haben sich aus den Stöberhunden entwickelt. Der Schusswaffengebrauch erforderte eine veränderte Jagdweise mit den Hunden, die vor dem Schuss eingesetzt werden. Das Innehalten (Vorstehen) an der Beute und das anschließende Abducken, damit der Jäger zum Schuss kommen kann, ohne seinen Hund zu erschießen, erforderte einen ambitionierten Hund mit offenen Sinnen wie den Stöberhund, der aber weniger selbstständig arbeiten sollte und somit beeinflussbarer ist. Die Grenze zwischen

*Der Braque d'Auvergne ist einer der alten französischen Vorstehhundrassen.*

den Stöber- und Vorstehhunden verläuft fließend und alte Vorstehhundrassen wie der Spinone Italiano lassen sich bis zu den Bracken der Antike zurückverfolgen.

Man kann bei den Vorstehhunden zwischen den alten Schlägen, die überwiegend langsam und weniger hektisch als ihre jüngeren Brüder und Schwestern arbeiten, und den neueren Vorstehhunden unterscheiden. Die Waffentechnik ermöglicht heute ein vielzähliges Schießen in kurzer Zeit, die Reichweite der Gewehre ist viel größer als zu Beginn der Schusswaffenjagd, sodass die „modernen" Vorstehhunde deutlich schneller arbeiten als ihre „alten" Verwandten. Das erkennt man bereits am Körperbau.

Die alten Vorstehhundrassen haben einen kräftigeren, gedrungeneren, den Bracken ähnlicheren Körperbau. Zu ihnen gehören sowohl die langhaarigen (zum Beispiel **Epagneul Français**) als auch die kurzhaarigen (zum Beispiel **Braque Français** oder **Braque d`Auvergne**) französischen Vorstehhunde. Die italienischen, sehr alten Vorstehhundrassen **Spinone Italiano** und **Bracco Italiano** sind optisch deutlich vom englischen **Pointer** oder dem ungarischen **Magyar Vizsla** zu unterscheiden. Auch im Wesen der Hunde lassen sich Unterschiede feststellen.

Sowohl die alten wie auch die „modernen" Vorstehhunde sind jagdlich sehr ambitioniert und extrem empfänglich für jagdliche Reize. Die leichteren und schnelleren Hunde haben jedoch auch die „schnelleren Leitungen", es fällt ihnen häufig schwerer sich zu konzentrieren und sie haben eine geringere Frustrationstoleranz. Alles muss „schnell, schnell" gehen und geschieht dies nicht, wird lautstark protestiert (wir nennen dies mit einem Augenzwinkern Vizsla-Wut).

*Der Magyar Vizsla gehört zu den modernen Vorstehhundrassen.*

Die „alten" Vorstehhundrassen sind weniger territorial veranlagt, weniger skeptisch Fremden gegenüber und entspannter als die „modernen" Vorstehhunde. Rassen wie **Pointer, Deutsch Kurzhaar, Deutsch Drahthaar,**

**Magyar Vizsla** oder **Weimaraner** sind in ihrer Veranlagung deutlich mehr „Einmannhunde“, sie gelten als „mannscharf“, das heißt, dass sie ihren Menschen, ihr Territorium und eventuell auch ihre Beute verteidigen würden. Auch für diese Hunde ist es extrem wichtig, sorgsam die Frustrationstoleranz, Affektkontrolle und Geduld aufzubauen. Eine klare Struktur, die konsequent durchgehalten wird, gibt dem Hund Halt und er kann sich an seinem Menschen orientieren. Struktur bedeutet jedoch nicht Unflexibilität und Wegsperren des Hundes, sondern Klarheit darüber, dass der Mensch die Entscheidungen (zum Wohle des Hundes) trifft, Zeit und Mühe investiert wird, um dem Hund Schritt für Schritt sein Umfeld näher zu bringen und Jagdkontrolle aufzubauen.

*Der Deutsch Drahthaar ist ein echter Allrounder und die beliebteste Rasse in Jägerhand.*

„Moderne“ Vorstehhunde sind häufig territorial sehr unsicher, fürchten sich vor Fremden und äußern dies nicht selten durch Verbellen oder Anspringen fremder Personen. Dies als Freude zu interpretieren, wäre ein grober Fehler in der Erziehung des Hundes, denn wenn ich ihm die Initiative bei der Begrüßung fremder Menschen überlasse, verstärke ich seine Überreiztheit und es entsteht unweigerlich Überforderung.

Die richtige Dosierung zwischen sinnvoller Beschäftigung und verordneten Pausen ist der Schlüssel, um den modernen Vorstehhunden ein entspanntes und erfülltes Leben zu ermöglichen. Begrenzung (Pause) kann mittels einer Hundebox aufgebaut werden. Die Box sollte aber nur ein Hilfsangebot für den Hund sein und das Ziel sollte sein, dass mein sich Hund überall dort entspannen und ausruhen kann, wo ich ihm einen Platz anbiete.

*Der Weimaraner „erfreut" sich aufgrund seiner außergewöhnlichen silbernen Fellfarbe steigender Beliebtheit – er ist aber definitiv kein Anfängerhund.*

Ebenso wie die Stöberhunde brauchen Vorstehhunde von ihren Haltern ein großes Maß an Geduld und eigener Strukturiertheit, Abgrenzung und Zuwendung im ausgewogenen Verhältnis, um ein entspanntes und zufriedenes Selbst entwickeln zu können. Desensibilisierung, Frustrationstoleranz und Affektkontrolle sind bei beiden Hundetypen die größten Herausforderungen!

Da die Übergänge von Vogelhund/Stöberhund (aus den Bracken) zum Vorstehhund fließend sind, kann man auch den **Großen Münsterländer** zu den Vorstehhunden rechnen, der ein Nachfahre der Vogelhunde ist. Große Münsterländer, **Weimaraner, Französische Griffons** und **Deutsch Drahthaar** kann man den „Allroundern" zurechnen, denn sie sind im Jagdverhalten sehr komplett und ernsthaft und werden sowohl vor und nach dem Schuss eingesetzt, besitzen Raubzeugschärfe, Territorialität und zeigen das gesamte Spektrum jagdlichen Verhaltens (Stöbern, Vorstehen, wenn sie darin ausgebildet wurden, Hetzen, Stellen und Töten der Beute).

Bei diesen komplett veranlagten Vorstehhunden muss ein besonderes Augenmerk auf das Territorialverhalten der Hunde gelegt werden. Ihre Skepsis und Stress-Anfälligkeit in fremder Umgebung bedarf viel Geduld und langsames Heranführen an neue Umfelder.

Es ist unbedingt zu empfehlen, mit den Hunden regelmäßig „Abschalttraining" an fremden Orten durchzuführen, bei dem sich zwar in der „Fremde" aufgehalten, aber nicht verhalten wird. Das bedeutet, dass ich mir mit meinem Hund zwar die Umgebung ansehe, stationär von einem festen Platz aus (zum Beispiel Auto oder Campingstuhl und Decke für den Hund), aber dort keine Aktionen beginne. Wenn mein Hund es schafft, sich zu entspannen (ohne dass ich auf ein Ablegen oder Hinsetzen Einfluss genommen habe), kann ich ihn vor Ort füttern und umgehend den Ort des Geschehens verlassen.

## SICHER FÜHLEN

*Nur wenn mein Hund sich mit mir in allen Lebenslagen sicher und gut aufgehoben fühlt, positive Erfahrungen auch an zuerst Angst einflößenden Orten gemeinsam mit mir gemacht hat, kann ich ihm zumuten, mit mir überall unterwegs zu sein.*

Die territoriale Sensibilität ist nicht den „modernen“ Vorstehhunden vorbehalten, aber sie zeigt sich bei diesen empfindsamen Hunden häufig dadurch, dass sie nicht in fremder Umgebung essen können. Das ist ein Zeichen für große Unsicherheit. Die Hunde kaschieren ihre Unsicherheit oft durch Hyperaktivität und versuchen durch ihr chaotisches Verhalten eine Lösung für ihr Problem zu finden (aktiver Stresstyp). Die Hyperaktivität ist auf keinen Fall mit dem Bedürfnis nach Beschäftigung zu verwechseln! Durch (verordnete) Ruhe, Konzentration und Körperwahrnehmung (Massage, Abschalttraining, Ausstreichen, Hetzspiel, Suchspiele › limbisches System: positive Emotion) können alle Vorsteh- und Stöberhunde entspannt und ausgeglichen ihr Leben und die Ersatzjagd mit uns genießen.

Die alten Vorstehhundrassen zeichnen sich durch größere Gelassenheit und Offenheit für die Welt aus. Ihre Entspanntheit sollte jedoch nicht mit Unsensibilität verwechselt werden und trotzdem sie nicht in demselben Tempo wie die anderen Vorstehhunde arbeiten, sind sie dennoch Hochleistungsjäger, die ambitioniert ihre Arbeit tun und dabei kaum abzulenken sind. Sie haben es daher verdient, sollten sie – was sehr selten ist – von Nicht-Jägern gehalten werden, eine adäquate, anspruchsvolle Ersatzjagd angeboten zu bekommen. Anderenfalls würden sie sich dauerhaft eine eigene Beschäftigung suchen. Sie eignen sich nicht als Wachhunde und auch für Bällchenspiele haben sie dank ernsthaft ausgeprägtem Jagdinstinkt kein Faible.

## Allrounder, Spitze, Hunde vom Urtyp

In dieser Gruppe möchte ich alle ursprünglichen Hunde zusammenfassen, die sowohl noch ein komplettes Jagd- als auch Territorialverhalten zeigen. Man könnte diese Hunde auch als ursprünglich bezeichnen, obwohl nicht alle zu den alten Rassen zählen. Alle diese Hunde sind ernsthaft und zeigen erwachsenes Verhalten. Wenn man die vier Instinkte betrachtet, dann sind sie beim Wolf in ungefähr gleichen Anteilen im ausgewogenen Verhältnis zueinander zu finden. Daraus ergibt sich eine optimale Anpassung an das Lebensumfeld, das Wölfe in den letzten Jahrtausenden ohne menschliche Einflussnahme besetzt haben.

Heute besiedelt der Wolf zwar von Osten aus wieder Mitteleuropa, aber es ist deutlich wahrzunehmen, dass er dafür unseres Schutzes bedarf, um nicht an unserer Landschafts-Kultur und Zersiedelung der Landschaft zu scheitern. Die Hundetypen, die hier vorgestellt werden, stehen zum Teil vor ähnlichen Problemen. Ein komplettes Jagdverhalten in einem eigenen Revier ohne das Interesse, dieses mit Rudelfremden zu teilen, als Veranlagung mit sich „herumzuschleppen“, scheint kaum noch zeitgemäß. Dennoch faszinieren uns diese Hunde ungemein, denn wir spüren ihre Ursprünglichkeit.

Viele dieser Hunde erkennt man an ihren dreieckigen Gesichtern und den kurzen Stehohren, den geraden Hinterläufen und einer häufig geringelten Rute. Sie alle stammen von den ursprünglichsten Haushunden ab. Wenn man den wieder

*Der Laika wird bei uns vor allem für die Jagd auf Wildschweine verwendet.*

verwilderten Dingo betrachtet, der vor etwa 10.000 Jahren domestiziert wurde und dann wieder verwildert ist, erkennt man diesen Typus Hund. Da man davon ausgehen kann, dass sich die Hundwerdung zuerst in Asien vollzog und wir dort die meisten dieser Hunderassen finden, lässt sich erahnen, dass wir in den Hundegesichtern ein Stück unserer eigenen Kulturgeschichte erkennen können.

Die japanischen Spitztypen (wie **Shiba** und **Akita Inu**), die nordischen Rassen **Laika, Husky, Malamute, Samojede** und **Grönlandhund**, aber auch der **Chow-Chow** sind ein Spiegel der Menschheitsgeschichte. Diese spitzartigen Hunde sind sehr ernsthaft territorial veranlagt, Fremden gegenüber meist sehr skeptisch bis ignorant und viele von ihnen zeigen ein komplettes Jagdverhalten. Wenn man sich mit ihnen beschäftigen möchte, braucht man sehr gute Argumente, denn sie werden ein Bällchen nicht apportieren und uns auslachen, wenn wir es auch nur versuchen wollten, sie dafür zu begeistern.

*Der Akita Inu gehört zu den spitzartigen Rassen und ist Fremden gegenüber sehr zurückhaltend.*

Bei Huskys wird meist von einem „Laufbedürfnis“ gesprochen, das als Argument für den Zughundesport dient. Ich bin mir sehr sicher, dass viele der nordischen Rassen hervorragende Schlittenhunde sind, gehe aber davon aus, dass sie eine gute (Ersatz-)Jagd bevorzugen würden!

## KOMPLETTE JAGDSEQUENZ

*Wenn ich diesen Hunden eine jagdliche Beschäftigung anbieten möchte, dann sollte ich unbedingt eine komplette Jagdsequenz nachstellen, bei der am Ende eine Beute gefangen und gefressen werden kann.*

*Eine Teilsequenz der Jagd, wie zum Beispiel Treibball oder Objektsuche, ist für diese Hunde nur interessant, wenn sie Teil der Jagd auf die Beute ist und nicht Selbstzweck.*

Auch wenn er ganz anders aussieht, kann man den **Rhodesian Ridgeback** ebenso zu den Allroundern zählen. Seine Herkunft liegt zwar etwas im Dunkeln – zu viele europäische Rassen waren beteiligt – ihr Erbe ist aber das der Hottentotten Hunde Südafrikas, die nur halbdomestiziert waren. Am ehesten sind die Hottentotten Hunde wohl mit dem **Basenji** zu vergleichen, der ebenfalls das dreieckige Gesicht und die anderen Merkmale der „Urhunde" zeigt.

Ich habe bis vor einiger Zeit mit meinem Ridgeback-Rüden Treibball im Rahmen einer kompletten Jagd betrieben. Er ist ein guter Teamplayer und hat mir den Spaß gegönnt, mit ihm ein paar Bälle zu schubsen. Hätte ich dies allerdings von ihm erwartet, ohne hinterher noch etwas „Richtiges" mit dem Futterbeutel zu machen, dann hätte er sich nicht engagiert. Körperlich und geistig ist Treibball natürlich eine Herausforderung, ich kann mir jedoch kaum vorstellen, dass ein russischer Laika sich darauf einlässt. Diese Hunde jagen sehr selbstständig auf großen Flächen und verstehen so ein „klein-klein" nicht. Ich habe bei einer Wanderreise im Harz einen Hundehalter und Jäger getroffen, der einen erwachsenen Landseer und einen fünf Monate alten West Sibirischen Laika an seiner Seite hatte. Er war ganz begeistert, dass sich der Laika „nur" 500 Meter bei seinen Jagdausflügen von ihm entfernt. Sein Wachtelhund, den er davor hatte, hatte einen größeren Radius. Aber: Der Laika-Rüde war zu dem Zeitpunkt fünf Monate. Ich habe ihn in diesem Jahr wieder gesehen, allerdings war der Hund dieses Mal angeleint. Wenn ich diese Hunde erblicke, bekommt mein Herz einen Aussetzer, da sie ein so faszinierendes Gesicht und eine fantastische Ausstrahlung haben!

Nicht alle Hunde mit einem „Urhund-Gesicht" sind so extrem jagdlich veranlagt wie Laika, Husky, Shiba Inu oder Basenji. Akita Inu, Chow-Chow oder auch der **Wolfsspitz** zeigen nicht so ein starkes Jagdverhalten. Dafür ist ihre Territorialität umso ernster und sie nehmen die zweite große Aufgabe der „Urhunde" war: das Sichern des Territoriums, das Bewachen der menschlichen Siedlung. Sie sind Fremden gegenüber extrem skeptisch und ich lasse im Kontakt mit ihnen größte Vorsicht walten.

*Der Rhodesian Ridgeback gehört zu den Allroundern und ist ein jagdlich veranlagter Hund, der hohe Anforderungen an seinen Halter stellt.*

Letztendlich könnte man zu den Allroundern und Hunden vom Urtyp auch die Wolfsmischlinge wie **Sarloos Wolfhund** oder den **Tschechoslowakischen Wolfhund** rechnen, auch wenn sie eigentlich nicht dem Typ des Urhundes entsprechen. Die Mischung aus Hütehund und Wolf bringt zwei ziemlich weit voneinander entfernte Caniden zusammen, denn Hütehunde sind in der Entwicklung der Hundetypen erst sehr spät entstanden. Ob es sinnvoll war, diese beiden Caniden zusammen zu bringen, möchte ich nicht abschließend beurteilen, aber ich weiß, dass besonders die Sarloos Wolfhunde, die einen größeren Anteil Wolf in sich haben als der Tschechoslowakische Wolfhund, häufig ängstlich sind, sehr große Anpassungsschwierigkeiten haben und – wenn dies nicht so ist – den anderen Hunden und Menschen extrem überlegen sind, da ihre Sinne und Kommunikation viel besser sind als die ihres Umfeldes. Beides kann für den Hund sehr problematisch sein und stellt auch den Menschen vor größte Herausforderungen. Zugegebenermaßen faszinieren mich diese Hunde sehr und ich würde sicherlich über die Haltung eines Wolfhundes nachdenken, wenn ich nicht das Gefühl hätte, nur mir einen Gefallen damit zu tun.

Es ist erst ab der 4. Generation gestattet, Wolfsmischlinge als Hunde außerhalb eines gesicherten Geheges und ohne Nachweis einer Qualifikation zur Haltung von Wildtieren zu halten. Das wird seinen Sinn haben.

Zu den Urhundtypen zählt natürlich auch der Dingo, der definitiv nicht in einen „Normalhundehaushalt“ gehört, so großartig diese Tiere auch sein mögen. Der **Kanaan Hund** wurde aus Paria Hunden (in muslimischen Kulturen gelten Hunde als unrein und wurden früher verstoßen, sodass mit der Ausbreitung des Islam ab etwa 800 n. Chr. bereits domestizierte Hunde verwilderten) gezüchtet und ist extrem wachsam, extrem skeptisch und wird häufig als Wächter militärischer Anlagen eingesetzt. Es ist einleuchtend, dass dies sicher kein geeigneter Haushund ist.

Im Kapitel über die Vorstehhunde habe ich erklärt, das einige sehr ernsthaft veranlagte Hunde, die von der FCI den Vorstehhunden zugeordnet werden, eigentlich auch als Allrounder gewertet werden könnten. Dazu gehören der Weimaraner, der Deutsch Drahthaar und der Große Münsterländer. Diese Zuordnung bezieht sich auf ihre territoriale Veranlagung und ihr komplettes Jagdverhalten. Sie sind dennoch nicht mit den „Urhunden“ zu vergleichen, da sie deutlich weniger selbstständig sind und zwar eigene Entscheidungen treffen können, aber immer auch gern mit ihren Menschen zusammen arbeiten. Die Hunde vom Urtyp und Spitze haben keinen „will to please“.

## Pudel, Retriever und Wasserhunde

Bereits vor 400.000 Jahren sammelten unsere Vorfahren Muscheln und Schalentiere an Küsten und Gewässern. Vor 90.000 Jahren wurden in Zaire bereits Harpunen und anderes Werkzeug zum Fischfang eingesetzt. Es liegt nahe, dass im Verlauf der gemeinsamen Geschichte von Mensch und Hund unsere vierbeinigen Gefährten auch Helfer bei der Jagd auf Fische wurden. Sie holten Netze ein, apportierten Fische und andere Gegenstände aus dem Wasser und bewachten nicht zuletzt die wertvollen Boote und den Fang der Fischer. Diese Wasserhunde gibt es bis heute.

Ob der spanische (**Perro de agua espanol**, auch Hütehund), portugiesische (**Cao de Agua Portugues**) oder italienische (**Lagotto romagnolo**, seit dem 19. Jahrhundert als Trüffelsuchhund geschätzt) Wasserhund oder der **Irish Water Spaniel** – sie alle sind begeisterte und befähigte Schwimmer und Apportierer und im Fell des **Curly Coated Retriever** findet man sichtbar das Erbe der alten Wasserhundrassen. Die Locken isolieren gegen Kälte im Wasser und die Feuchtigkeit wird beim Trocknen schnell vom Körper weggeleitet. Auch unsere heutigen **Pudel** gehen auf die alten Wasserhunde zurück.

*Bei uns eher weniger anzutreffen ist der Irish Water Spaniel.*

*Pudel stammen von den alten Wasserhunden ab.*

Trotz der fröhlichen Optik der gelockten Hunde sollte man nie vergessen, dass alle diese Rassen sehr selbstständig gearbeitet haben, eine gewisse Ernsthaftigkeit in sich tragen und sie deshalb eine ernst zu nehmende Aufgabe für sich brauchen, um sich tatsächlich wohlzufühlen. Pudelartige Hunde sind seit der Antike bekannt und der Name „Pudel" leitet sich ab von „puddeln" = im Wasser planschen. Auch Pudel sind skeptisch gegenüber Fremden und man findet immer noch Großpudel, die jagdlich eingesetzt werden.

Familienhunde, Therapiebegleithunde, Servicehunde und Blindenführhunde sind häufig Retrieverrassen. Besonders **Labrador** und **Golden Retriever** werden in diesen Bereichen eingesetzt. Ihr freundliches und umgängliches Wesen, ihre Bereitschaft sich dem Menschen anzupassen und eine gewisse Genügsamkeit, was ihr Bedürfnis nach immer neuen Erlebnissen und Herausforderungen angeht, wird hoch geschätzt. Ist dies wirklich so? Und wenn ja, woran liegt das?

Retriever gehören zu den Jagdhunden, die „nach dem Schuss" eingesetzt werden. Das bedeutet, dass sie beispielsweise geschossene Enten aus dem Wasser apportieren. Fischern haben die Labrador Retriever, ähnlich wie die Neufundländer, geholfen, ihre Netze aus dem Wasser zu ziehen. Sie haben Wattschlitten (Kreier) gezogen, auf denen Reusenfischer ihren

## WILLE ZUR TEAMARBEIT

*Die Freude am Apportieren, die Arbeitsbereitschaft und bei den meisten Rassevertretern auch ihr Wille zur Teamarbeit („Jagdhunde nach dem Schuss") verbindet die Wasserhunde, Retriever und Pudel.*

Fang an Land brachten. In der Nähe von Bremen gibt es tatsächlich noch einen letzten Fischer, der von Labradormischlingen, die er selbst züchtet, seine Kreier ziehen lässt.

*Seit einiger Zeit sieht man immer häufiger silberfarbene Labrador Retriever, die aufgrund der Fehlfarbe nicht zur Zucht zugelassen wurden.*

Retriever werden häufig zur Nachsuche auf angeschossenes Wild eingesetzt, auch wenn ihnen in Bezug auf die Nasenleistung Bracken, Meute- und Schweißhunde überlegen sind. Alle diese Aufgaben setzen voraus, dass der eingesetzte Hund die Geduld aufbringt, seinen Menschen bei der Arbeit den Vortritt zu lassen, eine wenig ausgeprägte Neigung zur Verselbstständigung und jagdlicher Hysterie aufweist. Diese Veranlagung kann man als infantilisiertes Jagdverhalten beschreiben.

Adoleszentes Jagdverhalten umfasst das komplette Handlungsspektrum von Aufspüren, Hetzen, Stellen, Töten und Fressen des Beutetieres. Jagdhunde, die nach dem Schuss eingesetzt werden, zeigen davon nur einen Teil und werden erst in Zusammenarbeit mit kompletteren Jagdhunden zu „Killern". Ich beobachte jedoch in der Arbeit mit Mensch und Hund, dass besonders Labrador und Golden Retriever sehr wohl sehr ambitionierte, wache, ernsthafte Hunde sein können. Wenn sie vom Welpenalter an gefördert und gefordert werden, entwickeln sie Ehrgeiz und Temperament und Mensch und Hund können unzählige gemeinsame Aktivitäten finden, die ihnen Spaß machen.

Wir haben auch Labrador Retriever im Treibball-Training. Leider kann man beobachten, dass viele Hunde dieser Rassen nicht gefördert werden, sondern für ihre geistige Entwicklung selbst verantwortlich sind. Da man einen Retriever aber mit Bällchenspielen beschäftigen kann, fällt es nur wenig auf, dass der Hund sich selbst bespaßt und gelangweilt und von seinen Menschen enttäuscht ist.

*Bei der Entenjagd ist der Nova Scotia Duck Tolling Retriever in seinem Element.*

Außer den sehr bekannten und beliebten „Labis“ und „Goldies“ gibt es noch einige andere Retrieverrassen. Der **Nova Scotia Duck Tolling Retriever** ist der kleinste Vertreter. Er wurde aus Indianerhunden, Settern, Collies und Cocker Spaniel gezüchtet und ein Spezialist der Entenjagd. Er soll am Ufer „herumtollen“ und neugierige Enten anlocken, die dann geschossen werden können. Im „Toller“ vereint sich also der Stöberhund (Cocker Spaniel und Setter) mit der Sensibilität und Bereitschaft zur Zusammenarbeit des Collies. Entscheidend für die Einordnung zu den Retrievern ist das inkomplette Jagdverhalten: Anlocken, aber nicht Stellen, Hetzen oder gar Töten der Beute.

Dem Toller wird nachgesagt, dass er nicht zum Wildern und Streunen neigt und leicht zu erziehen sei. Da diese Hunde in unserer Umgebung nicht sehr häufig anzutreffen sind und ich daher nur einige wenige persönlich kennengelernt habe, möchte ich mich mit einer Meinung dazu zurückhalten. Es sei nur so viel gesagt: Die mir bekannten Hunde dieser Rasse sind sehr wohl jagdlich ambitioniert, sehr sensibel und brauchen Auslastung und souveräne Führung durch den Menschen. Sie eignen sich nicht als „Mini“-Retriever für den Job mit vielen fremden Menschen. In Bezug auf jagdliche Ambitionen würde ich dem Toller, besonders in den ersten zwei Lebensjahren, eher ein Training für Stöber- und Vorstehhunde angedeihen lassen in Bezug auf Steadyness, Affektkontrolle und Frustrationstoleranz.

Das Gleiche gilt für den **Flat Coated Retriever**, der wahrscheinlich aus Neufundländer, Labrador, Setter und Collie gezüchtet wurde. Der **Chesapeake Bay Retriever** ist ähnlich wie der **Curly Coated Retriever** sehr ernsthaft und wachsam und unterscheidet sich von vielen „Labis" und „Goldies" durch sein erwachsenes Verhalten. Wahrscheinlich sind bei den weniger ernsthaften Retrievern durch die Zuchtauswahl im Hinblick auf „Familientauglichkeit" allzu erwachsene Tiere ausgeschlossen worden.

Besonders bei den Golden Retrievern finden sich Zuchtlinien, bei denen auch die erwachsenen Hunde runde „Kindergesichter" haben, die Läufe knubbelig und gebogen erscheinen und man optisch den Eindruck erhält, dass diese Tiere niemals erwachsen werden. Bei solch retardierten Zuchtlinien finden sich häufig Individuen, die sehr früh Arthrose und andere Krankheiten bekommen. Es gibt aber leider viele Menschen, die „niedliche" Hunde bevorzugen, ohne darauf zu achten, wie ein voll entwickelter Hund eigentlich aussehen würde. Glücklicherweise sind das die Ausnahmen und ich lerne immer mehr Menschen kennen, die sowohl auf die Zuchtideale ihres Züchters achten als auch auf die charakterliche Veranlagung der Hunde.

Nur weil ein Hund in der Lage ist, sich vielen Umständen anzupassen, da er flexibler und sozial intelligenter ist als wir, sollten wir nicht denken, dass es ihn erfüllt, tagein und tagaus sinnlos Bällchen und Stöckchen auf immer derselben Spaziergehrunde zu apportieren. Auch scheinbar leichtführige Hunde wollen gefordert und gefördert werden!

## Solitärjäger

„Solitär" ist ein Kartenspiel, das man ohne einen Spielpartner spielt, versunken in das aufgelegte Spielblatt, ohne Kommunikation und eigenverantwortlich. Jede in Reihe sortierte Karte ist ein Teilerfolg, den man mit sich selbst feiern kann.

Solitärjäger agieren selbstständig, unabhängig und teilen weder ihren Besitz noch ihren Erfolg.

**Dackel, Terrier, Pinscher** und **Schnauzer** gehören zu den Solitärjägern. Sie wurden zwar für unterschiedliche Arbeiten gezüchtet, sollten ihre Aufgaben jedoch alle selbstständig erfüllen und eigenverantwortlich Entscheidungen treffen.

Terrier sind seit Jahrhunderten wertvolle Helfer der Bauern in Großbritannien. Füchse stellen eine Gefahr für neugeborene Lämmer dar, Marder für die Hühner und Ratten und Mäuse übertragen Krankheiten und vergreifen sich am eingelagerten Getreide. Kleine „raubzeugscharfe" Terrier waren aus den Ställen der Bauern nicht wegzudenken und begleiteten sie auf der Jagd nach Fuchs und

Marder. Kurzläufige Terrier sind ebenso wie Dackel mutig und unerschrocken im Fuchsbau und töten die Tiere im Bau. Nicht selten werden sie verletzt und einige Terrier-Rassen lassen den Selbstschutz vermissen, der ihnen Rückzug im Angesicht eines eigentlich überlegenen Gegenübers gebieten würde.

Besonders viele Terrier-Rassen finden sich in Schottland, Irland und England. Ob der Dackel im Dachsbau oder der Terrier Ratten jagend im Stall – der Hund entscheidet, was er wann und wie tut. Zudem ist er jederzeit bereit, sein Beutetier zu bejagen, denn überwiegend stellen kleine Nagetiere sein Beutespektrum dar und es müssen mehrere verspeist werden, um satt zu sein.

## SOLITÄRJÄGER TEILEN NICHT GERN

*Die Jagd auf andere Beutegreifer wie Marder ist keine Jagd zur Nahrungsbeschaffung, sondern das Beseitigen eines ungeliebten Nahrungskonkurrenten im eigenen Revier. Ein Solitärjäger teilt nicht nur seine Beute ungern, es ist ihm auch lieber, wenn er sein Jagdrevier nicht mit anderen teilen muss – schon gar nicht mit artfremden Beutegreifern wie Katze, Marder und Fuchs!*

Ein Großwildjäger unter den Hunden kann sich leicht mehrere Tage von einer Beute (Reh) ernähren oder frisst sich zumindest nach einer erfolgreichen Jagd für einen längeren Zeitraum satt. Diese Art der Nahrungsbeschaffenheit erklärt, warum besonders Terrier ständig „an“ sind, warum sie eine ungeheure Körperspannung an sich haben (allzeit bereit) und häufig Probleme damit haben, zur Ruhe zu kommen.

Die kleinen Terrier (**Border Terrier, Norfolk Terrier, Jack Russell Terrier, Parson Russell Terrier, Lakeland Terrier, Cairn Terrier** usw.) sind ausschließlich als Jagd- und Stallterrier gehalten worden. Mittelgroße Terrier wie **Irish Soft Coated Wheaten Terrier, Kerry Blue Terrier** oder **Irish Terrier** sind darüber hinaus noch als Hüte- und Treibhunde eingesetzt worden. Sie sind in ihrer Arbeitsweise mehr auf den Partner Mensch orientiert als die kleinen Terrier-Rassen, dennoch stellt sich bei allen Solitärjägern die große Aufgabe, aus dem Solitär- einen Teamplayer zu machen. Zu den Terriern zählen auch die in Spanien als **Ratonero** bezeichneten Hunde (Ratonero bedeutet Rattenfänger). Sie werden ebenso wie der **Dänisch-Schwedische Gardshund** dafür verwendet, Mäuse und Ratten zu töten.

Die **Dackel** stellen eine Mischform zwischen Solitärjäger und Bracke dar. Sie stammen von den niederläufigen Bracken ab. Aufgrund ihrer jagdlichen Verwen-

*Eine bestimmte Hundefuttermarke hat aus diesem ernsthaften Westhighland White Terrier zeitweilig einen Modehund gemacht.*

dung im Dachs-, Fuchs- oder Kaninchenbau wurden stets selbstständig arbeitende, ungemein mutige und draufgängerische Hunde selektiert, die sich auch vor deutlich größeren Gegnern wie dem Dachs nicht fürchten. Wir ahnen, dass diese gewollte Veranlagung zwar faszinierend, aber dennoch auch eine der größten Schwierigkeiten bei der Erziehung und Auslastung von Solitärjägern ist.

**Schnauzer** sind das Pendant zu Terriern. Der Zwergschnauzer ist in seiner Veranlagung den kleinen Terriern sehr ähnlich, der Mittelschnauzer gehört jedoch eher zu den Hofhunden. Diese Hundetypen haben immer mehrere Aufgaben gehabt, was kennzeichnend für ihre Herkunft als Bauernhunde ist. Ein Adeliger konnte sich für jede Aufgabe einen eigenen Hund halten, die weniger vermögende Bevölkerung konnte sich dies jedoch nicht leisten. Hunde erfüllten mehrere Aufgaben in einer Person und verdienten sich so ihr Auskommen und Wertschätzung.

In der Erziehung von Solitärjägern stellt sich uns die Aufgabe, zum einen die gemeinsamen aktiven Phasen so zu gestalten, dass Mensch und Hund zu einem Team werden, als auch die passiven Phasen für den Hund zu Ruhezeiten zu machen, in denen er tatsächlich entspannen kann. Der Organismus des Einzeljägers wartet auf die trappelnden Mäuseschritte, den huschenden Schatten, das leise

*Trotz ihrer kleinen Körpergröße sind Dackel sehr mutig und draufgängerisch.*

Rascheln, Knistern, Zucken, Trippeln, Fiepen oder Piepsen. Das ist nicht gesund und letztendlich geht die mangelnde Ruhe zu Lasten des Hundes, ohne dass er dies weiß.

Ich habe Kunden mit einem Irish Soft Coated Wheaten Terrier, die zu Beginn unseres gemeinsames Trainings fest davon überzeugt waren, dass ein Terrier seine Rute nicht hängen lassen kann! Selbstverständlich kann auch ein Terrier die Rute hängen lassen, auch wenn man das nicht ständig erwarten sollte. Es ist nicht ungewöhnlich, dass Terrier, Schnauzer oder andere Solitärjäger – nicht allerdings der Dackel (Mischform) – Rückenprobleme aufgrund ihrer extremen Körperspannung inklusive des dauernden „Rute hoch bis zum Anschlag“ haben.

In der gemeinsamen Beschäftigung muss ich bei den klassischen Solitärjägern davon ausgehen, dass sie überwiegend Sichtjäger sind, die besonders auf Sichtreize reagieren und in diesem Bereich Selbstkontrolle lernen sollten. Es wäre sicher nicht fair, diesen Hunden keine Hetzjagd an der Reizangel anzubieten, die ihnen ungeheuren Spaß bereitet, aber ich sollte von Beginn an darauf achten, dass ich auch das Abwarten an der sich bewegenden Beute übe, ebenso das Abrufen aus der Jagd und das Stoppen einer bereits begonnen Handlung. Wie ich dies aufbaue und in die gemeinsame Beschäftigung integriere findet sich unter „Hetzjagd“ und „Aufbau von Jagdkontrolle“.

*Auch der Parson Russell Terrier gehört zu den Solitärjägern.*

Selbstverständlich sollte ich bei der Auswahl meines Solitärjägers darauf achten, dass die Elterntiere nicht hysterische Bällchenspieler sind, deren Normal-Cortisol-Spiegel stetig überhöht ist. Auch ein wacher Terrier kann entspannt auf seiner Decke liegen und muss nicht kläffend zur Tür schießen, wenn Besuch erscheint. Wenn ich mir Solitärjäger-Welpen ansehe, sollte ich darauf achten, dass die Welpen nicht unter einer Wärmelampe liegen, da sie dann weniger Sozialverhalten entwickeln. Die Lampe gaukelt ihnen die Körperwärme der Mutter und Geschwister vor, sodass sie wenig Körperkontakt suchen, da es sonst zu warm würde.

Bei der Zufütterung der Welpen ist es wichtig, dass sie **nicht** aus einem Napf gefüttert werden, da dies die Konkurrenz untereinander fördert. Grundsätzlich sind eigentlich alle Solitärjäger optisch sehr niedlich, besonders natürlich als Welpen. Das sollte uns aber nicht davon abhalten zu sehen, was für kompetente, selbstständige und durchsetzungsstarke Hunde sie sein können.

In einer Welpengruppe sollte man darauf achten, dass sie im Spiel mit anderen nicht überrannt oder gemobbt werden, weil sie klein sind, sondern der Kontakt moderiert wird durch Menschen. Wenn mein kleiner Welpe sich zu mir flüchten kann, wenn er sich bedroht fühlt, wird er die Welt gemütlicher finden, als wenn er sich verteidigen muss – was er ja durchaus effektiv könnte, aber nicht notwendig sein sollte. Teamgeist und Ruhe, Toleranz und Selbstkontrolle sind die großen Herausforderungen in der Erziehung.

## Gesellschaftshunde

Irgendwann zwischen der Hundwerdung des Wolfes und der Antike fand eine Schrumpfung der Hunde statt. Es ist bekannt, dass Kurzläufigkeit wie bei Dackeln oder Bassets eine natürliche Mutation ist, die züchterisch weiterverwendet wurde, weil die großen Hunde auf kurzen Beinen langsamer und somit gut für die Suche an der Leine/Riemen und praktisch für die Arbeit im Bau (Dachs und Fuchs) waren.

Doch die Kleinsthunde unter den Gesellschaftshunden, die bereits in der Antike ein Luxusobjekt waren, entspringen nicht dieser Mutation. Sie sind keine großen Hunde auf kurzen Beinen, sondern zwergenhafte Ausgaben größerer Hunde. Der **Papillon** wird zu den Spaniel-Rassen gerechnet, ein **Sheltie** ist ein Miniatur-Collie und der **Yorkshire Terrier** ein Terrier mit Malteser-Anteilen (seidiges Fell). **Zwergspitz** und **Chihuahua** sind genauso aktiv und territorial ernsthaft wie große Spitze.

*Der Papillon gehört zu den Kontinentalen Zwergspaniel.*

Ich erinnere mich noch sehr genau an Benny, einen unkastrierten Kurzhaar-Chihuahua-Rüden, der so ernsthaft und souverän auftrat, dass meine Rhodesian Ridgeback-Hündin sich vor ihm in den Staub warf, um ihm einen Heiratsantrag zu machen. Er trug einen blau-weiß-geringelten Strickpulli und bewachte sein Frauchen und den Kinderwagen.

*Auch der winzige Chihuahua kann sehr selbstbewusst sein und man sollte ihn ernst nehmen.*

Viele der sogenannten Gesellschaftshunde stammen von Solitärjägern ab, auch wenn sie wie der **Lhasa Apso** in Tempeln oder am chinesischen Kaiserhof wie der **Pekingese** lebten. Der **Malteser**, der älteste und bekannteste Vertreter der **Bichons** (französisch: Schoßhund) wurde wahrscheinlich von den Phöniziern vor rund 2000 Jahren aus Ägypten nach Europa gebracht und im Grab Ramses des Zweiten finden sich bereits Statuen und Bilder mit malteserartigen Kleinsthunden. Es ist davon auszugehen, dass die Malteser und andere kleine Bichon-Rassen in den Häfen der Antike Ratten und Mäuse gejagt und sich mit den Schiffen von dort in die ganze Welt verbreitet haben.

## VOM RATTENFÄNGER ZUM GESELLSCHAFTSHUND

*Im Gegensatz zu den Terriern, die überwiegend in der bäuerlichen Kultur als Hof- und Jagdhunde entstanden sind, hat sich ihre „Bestimmung" in der menschlichen Kultur verändert. Aus den kleinen, langfeligen Ratten- und Mäusevertilgern ist ein Gesellschaftshund geworden, optisch „versüßt" durch Zwergwuchs, runden Kopf, kleine Kiefer und langes seidiges Fell, sodass die Versorgungsbedürfnisse vieler Menschen angesprochen werden.*

Dennoch sind sie ernsthafte Hunde, die ihre Menschen, ihr Haus, ihren Hof und ihr Jagdrevier verteidigen würden, wenn sie die Notwendigkeit dazu sähen. Häufig wird ihr „Spiel" nicht mit dem Jagdinstinkt in Verbindung gebracht, weil ihr Handeln und ihre Persönlichkeit nicht wirklich wahrgenommen werden. Ich kenne jedoch Gesellschaftshunde aller Rassen (Zwergspitz, Zwergschnauzer, Zwergpinscher, Toy Australian Shepherd, Chihuahua, Malteser, Havaneser, Sheltie, Yorkshire Terrier, Zwergpudel, Toypudel, Maltipoo = Malteser-Pudel-Mix), die begeisterte Ersatzjäger sind, kleinste Futterbeutel apportieren, Hetzjagden an der Angel mit größter Leidenschaft verfolgen und gewissenhaft suchen. Sie genießen ihre Arbeit und erlangen durch die Bewältigung größter Aufgaben ein wunderbares Selbstwertgefühl und die Souveränität, die ihnen hilft, als Kleinsthund in einer großen Welt ohne Ängste und ohne Selbstschutz-Aggression zurechtzukommen.

Für viele vom Solitärjäger abstammende Kleinsthunde ist es eine Herausforderung, die Beute mit ihren Menschen zu teilen. Sie müssen erst lernen, den Futterbeutel abzugeben, da sie eine Maus ja auch nicht teilen würden. Für diejenigen Rassen, die kleinste Variationen anderer, nicht solitärer Hunderassen sind (Toypudel, Toy Australian Shepherd, Zwergpudel, Zwergspaniel, Sheltie, Papillon) kann sich diese Herausforderung der „Team-Werdung" jedoch auch stellen, da beispielsweise in den Mini-Australian Shepherd Kleinstrassen (wie zum Beispiel Chihuahua) eingekreuzt wurde, um die Toy-Variante zu erreichen.

*Der Pomeranian ist der kleinste Spitz und ähnlich territorial wie seine großen Vettern.*

Kleinsthunde können ein ausgeglichenes und zufriedenes Leben führen, benötigen jedoch beste Startbedingungen und viel Einfühlungsvermögen, um sich seelisch gut zu entwickeln. Wenn bereits in der Welpengruppe alle anderen Hunde über den Zwerg hinwegtoben, dann kann er sich nur zum hysterischen Kläffer entwickeln, um sich vor den anderen Irren zu schützen. Jeder Mensch sollte für seinen Hund eine Welpenschule suchen, in der nur angeleitete Spielkontakte in kleinster Gruppe stattfinden, damit alle Hunde Spielregeln und Rücksichtnahme lernen. Eine sinnhafte Beschäftigung, die an die körperlichen Fähigkeiten der kleinen Hunde angepasst ist, sollte für jeden Kleinsthundehalter selbstverständlich sein.

Die wenigsten Gesellschaftshunde sind wilde Jäger, da es kaum Beutetiere gibt, denen sie körperlich gewachsen wären, dennoch kann es geschehen, dass sie sich gegen jede rationale Selbsteinschätzung zu einer Jagd hinreißen lassen. Sich nicht an große Beutetiere heranzutrauen bedeutet nicht, nicht jagen zu wollen. Etwas ein Leben lang zu wollen und nicht zu können, ist Quelle großer Frustration und untergräbt das Selbstbewusstsein, das ich dann auf anderem Wege erringen muss.

Für diese Hunde ist es wichtig ihre Menschen ernst nehmen zu können, da sie ihre Führer durch einen Wald aus Beinen, Rädern und Mauern sind. Wenn kleine Hunde nicht ernst genommen und, weil sie so niedlich sind, mit Leckerchen vollgestopft werden, können sie ihre Hundehalter nicht für voll nehmen und fühlen sich eventuell allein auf der Welt, verbellen andere Hunde und Menschen und werden in keinem Bereich die Spielregeln, die der Mensch aufstellen möchte, anerkennen.

## Mischlinge

Seit einiger Zeit gibt es für interessierte Mischlingshalter die Möglichkeit, mittels eines DNA-Tests herauszufinden, welche Rassen bei der Entstehung ihres Hunde-Individuums mitgespielt haben. Das ist sicher hochgradig interessant und es hilft, den Mischling mit seiner Veranlagung besser einschätzen zu können. Grundsätzlich kann man jedoch nicht sagen, dass ein Hund sich gemäß seiner prozentualen Rasseanteile verhält. Ein 95-prozentiger Labrador Retriever kann so territorial und sensibel veranlagt sein wie der Schäferhund, der zu 5 Prozent in ihm steckt. Natürlich ist ein Solitärjäger/Solitärjäger-Mix ein Solitärjäger und ein Hütehund/Hütehund-Mix ein Hütehund. Aber auch bei so „reinen" Mischungen spielen die Unterschiede zwischen den Rassen eines Typs eine Rolle. Die relativ junge Rasse „Wäller", die aus Australian Shepherd und Briard gezüchtet wird, vereint häufig die hohe Sensibilität und Skepsis des Briards mit dem „Drive“ des Australian Shepherds. Das Ergebnis kann ein sehr skeptischer, gehemmter, übersensibler Hund sein, der lebenslang flexibilisiert werden muss.

Einen Labrador Retriever mit einem Rhodesian Ridgeback zu kreuzen, scheint ebenfalls erst einmal eine sehr gute Idee zu sein, da Labis als nicht so skeptisch und aufgeschlossener als Ridgebacks gelten. Es kann jedoch auch sein, dass der „offene“ Labrador seine Hemmungslosigkeit in den skeptischen Ridgeback einfließen lässt. So entsteht statt eines lockeren und entspannten Ridegback-Mix ein skeptischer, draufgängerischer Labrador-Mix.

Letztendlich können aus der gleichen Mischung diverse Charakter entstehen, abhängig von der Individualentwicklung bereits vor der Geburt, der Prägung und Sozialisierung, der individuellen Veranlagung. Auch bei uns Menschen haben einige Eltern mehrere Kinder, die man niemals als Geschwister erkennen würde, und andere ähneln sich so sehr, dass man sie für Zwillinge halten könnte.

Eines aber haben Mischlinge auf jeden Fall: die rassentypische jagdliche Veranlagung. Kreuze ich einen Solitärjäger mit einem x-beliebigen anderen Hund, wird der Solitärjäger sich höchstwahrscheinlich in dem Jagdverhalten des Individuums wiederfinden. Die jagdliche Veranlagung hat scheinbar genetisch einen starken Bestand, sodass wir uns immer genau überlegen sollten, wen wir uns als Gefährten ins Haus holen.

*In diesem Dackel-Whippet-Mischling vereint sich das starke Territorialempfinden des Dackels mit der Jagdpassion und der Sensibilität des Whippets.*

Die allermeisten kleinen Mischlinge sind Solitärjäger-Mixe und so niedlich sie auch sein mögen, man merkt es an ihrer jagdlichen Veranlagung, an ihrer Selbst- und Fremdwahrnehmung. Sie haben sicher ihren eigenen Kopf und müssen von ihren Menschen überzeugt sein, um gute Teamspieler zu werden. Viele Mischlinge kommen aus dem Tierschutz. Auch ich habe zwei spanische Mischlinge neben den zwei Ridgebacks. Die eine Hündin ist ein Hütehund-Shiba Inu-Golden Retriever-Mix (laut DNA-Test) und obwohl der Hütehund ganz klar in ihrem Verhalten zu erkennen ist, findet sich, spätestens am nächsten Wasserloch, der Golden Retriever ein und der Shiba Inu spielt mit, wenn es um die Jagd geht. Der zweite Mischling aus Spanien ist ein Vorsteh-Windhund-Mix und seine Veranlagung springt einem förmlich entgegen, wenn man mit ihm ersatzjagdlich unterwegs ist.

Uns sollte beim Aussuchen eines Tierschutzhundes oder süßen Mischlingswelpen nicht die Optik oder der Helfer-Komplex leiten, sondern die Frage: Was bringt dieser Hund an Veranlagung mit und kann ich dem gerecht werden? Es laufen unzählige Galgo- und Podenco-Mischlinge (und reinrassige, aussortierte Jagdhunde aus Südeuropa) durch unser Land, von denen sehr viele aus Mitleid hierher gebracht und vermittelt wurden.

Hunde sollten, egal woher sie kommen und wie ihre Geschichte auch aussieht, ihrer Veranlagung gerecht gehalten und beschäftigt werden. Ein Leben zu retten taugt nicht viel, wenn trotzdem die Seele stirbt.

## SICHERHEIT IST WICHTIG

*Trotzdem es in diesem Buch um Jagdverhalten geht, möchte ich noch anmerken, dass für die meisten Hunde das Thema „Sicherheit" und „Territorialität" viel schwerwiegender ist, besonders wenn sie aus dem Tierschutz kommen. Vertrauen zu seinem Menschen aufzubauen und darauf basierend gemeinsam Ersatzjagd zu machen, ist die richtige Herangehensweise.*

*Wenn ich mir also im Klaren darüber bin, welches die Ausgangsrassen bei einem Mischling sind, kann ich in der Erziehung und Beschäftigung auch darauf eingehen.*

# Jagdkontrolle in der Erziehung

Immer wieder finden sich in der Hundetrainingsszene Angebote mit dem Titel „Antijagd-Training“. Immer wieder frage ich mich, warum wir Menschen uns mit Tieren umgeben, deren Veranlagung den Jagdinstinkt, das Bedürfnis Beute zu machen, den Wunsch Spuren zu finden und zu verfolgen, die Leidenschaft zu hetzen, zu suchen, zu revieren, Beute zu selektieren, beinhaltet. Warum sollte es mein Ziel sein, einen so wesentlichen Bestandteil der Persönlichkeit unseres Hundes „abzutrainieren“?

Wir haben die Möglichkeit, unsere Hunde mit Ersatzjagd auszulasten und dabei Kontrolle über das Jagdverhalten aufzubauen. Das Ziel der Jagdkontrolle ist das wertvolle Angebot des Menschen an den Hund im Rahmen der Spielregeln, die der Mensch für den Hund aufstellt. Ich biete dem Hund eine seinen Bedürfnissen entsprechende, gesunde, artgerechte und sinnhafte Beschäftigung mit Spielregeln an.

## Pädagogische Grundsätze und Teambildung

Hunde, die mit ihren Hundeeltern zusammen leben, bekommen von diesen die hündische Welt gezeigt und erklärt und lernen an deren Vorbild, wie man sich in dieser Welt bewegt. Wenn Mama und Papa einen Fremden komisch finden und verbellen, können wir sicher davon ausgehen, dass die Welpen dies später auch tun werden. Haben die Hundeeltern ihren Welpen dafür Leckerchen gegeben oder einen Clicker eingesetzt? Wohl kaum.

Hundeeltern setzen Grenzen, in denen sich die Welpen frei bewegen dürfen. Beispielsweise ist es ihnen egal, wo ihre Welpen spielen, solange dies nicht außerhalb des Sicherheitsbereiches des Zentrums des Territoriums ist oder auf einem Platz, den sie gerade besetzen (Ressource Liegeplatz). Verlassen die Welpen den Sicherheitsbereich, werden sie von den viel schnelleren und geschickteren älteren Tieren „eingesammelt“ – gebremst mittels Körpereinsatz.

Damit die Welpen lernen, wie man richtig jagt, nehmen die älteren Tiere Beuteersatz ins Maul und rennen damit weg. Die Welpen machen ihr erstes Hetzspiel. Die hündische Kommunikation wird im ersten halben Lebensjahr erlernt. Besondere Fertigkeiten, das Wissen um fressbare bzw. jagdbare Beute oder den besten Platz und die beste Zeit, um in Nachbars Garten die Katze zu jagen, leben die Eltern ihrem Nachwuchs vor.

*Mensch und Hund bilden ein gutes Team in der gemeinsamen Jagd auf den Futterbeutel.*

*Diese Dalmatiner sind ein eingespieltes Team und ergänzen sich hervorragend.*

Hunde lernen komplexe Zusammenhänge im sozialen Kontext, Leckerchen-Konditionierung oder Wurfschellen kommen nicht zum Einsatz. Diese Pädagogik können wir uns zum Vorbild nehmen und unseren Hunden die Welt zeigen, ihnen Beschäftigungen anbieten und Spielregeln etablieren.

## HUNDE DENKEN NACH

*Hunde sind intelligente Individuen, die in der Lage sind, sich in sozialen Gruppen mit komplexen hierarchischen und emotionalen Strukturen zurechtzufinden, sich zu integrieren und weiterzuentwickeln. Sie zeigen problemlösendes Verhalten, „denken nach" (sonst könnten sie keine Probleme lösen), sind in der Lage zu manipulieren (auch uns Menschen) oder zeigen altruistisches Verhalten.*

Einen Sozialpartner wie unseren Begleiter Hund mittels einiger simpler Lernstrukturen wie „Versuch und Irrtum" (Clicker) oder positiver oder negativer Verstärkung (Belohnung und Strafe) zu erziehen, wird ihnen nicht gerecht. Das ist der Grund, warum sich Hunde immer wieder für die inhaltsstarke Jagd allein oder mit anderen Hunden und nicht für das Leckerchen aus Menschenhand entscheiden.

Im Folgenden wollen wir einen gemeinsamen Weg für Mensch und Hund beschreiben, der es uns erlaubt, dem Hund Grenzen in Bezug auf sein Jagdverhalten zu setzen, ohne ihn zu brechen, zu bestechen oder seine Veranlagung zu untergraben.

## Was bedeutet Jagdersatz?

Jagdersatz bedeutet, dass wir jedem Hund einen möglichst gleichwertigen Ersatz für die wilde Jagd auf echte Beutetiere anbieten wollen. Die Hunde bekommen ein möglichst interessantes und vielseitiges Angebot, das ihren Begabungen und Veranlagungen entspricht, aber wir nehmen Einfluss darauf, was wann und wie etwas getan wird. Im Jagdersatz sollten sich Spannungsaufbau, Teamorientierung, Sinnhaftigkeit und Begeisterung der echten, wilden Jagd so weit wie möglich wieder finden lassen, ohne dabei außer Kontrolle zu geraten.

Ein „Ersatzjagd-Junkie“ ist immer noch ein Junkie. Ein Hund, der seine Menschen zum „Wirf den Dummy“-Animateur verbellt, ist ein gestresster, unzufriedener Hund, der seine mangelnde Selbstkontrolle mit einem zu hohen Cortisol-Spiegel und den sich daraus ergebenden Stresserkrankungen ausbaden muss. Wir wollen nicht in die „Beschäftigungsfalle“ tappen!

Unter optimalen Voraussetzungen würden mehrere Hunde mit unterschiedlicher Begabung, aber ähnlicher Kommunikation zusammen leben und gemeinsam große Beutetiere wie Rehe jagen und fressen. In einer wilden Jagd wird ein jagdlicher Reiz wie ein Geruch oder eine Bewegung wahrgenommen und die Jagd läuft nach einem festen Schema ab. Da jedes der stetigen Gruppenmitglieder exakt die Fähigkeiten und Begabungen der anderen kennt, tut jeder genau das, was er am besten kann. Die Schnellsten hetzen, die Stärksten und Erfahrensten töten.

In unserer ersatzjagdlichen Beschäftigung sollte sich der komplette Ablauf einer Jagd wiederfinden: der jagdliche Reiz (visuell oder olfaktorisch), die Adrenalinausschüttung, das Stellen der Beute, das Zupacken und natürlich auch das Fressen.

*Körperliche und geistige Herausforderungen in der Ersatzjagd gehören zusammen.*

## Nasenarbeit

Es gibt etliche Hunderassen, die kreuzunglücklich sind, wenn sie ihre Nase nicht täglich zur Suche nach den großartigen Gerüchen der ganzen Welt einsetzen dürfen. Sie werden scheinbar mit einer zwei Kilogramm schweren Nase geboren, die ausschließlich am Boden klebt. Ihre optische Wahrnehmung erscheint reduziert und es erscheint aussichtslos, sie immer wieder vom Boden „abzupflücken", da die Erdanziehungskraft unüberwindlich erscheint. Nicht nur Beagle-Halter können ein Lied davon singen.

Es wäre außerordentlich unfair, diesen Hunden keine Nasenarbeit als Beschäftigung anzubieten. Doch nicht nur diese Hundetypen freuen sich über eine Auslastung ihrer olfaktorischen Sinne. Alle Hunde, selbst die mit kurzen Schnauzen wie Mops und Bulldogge, riechen um so vieles besser und differenzierter als wir, dass auch sie etwas mit der Nase tun können. Nasenarbeit dient der Auslastung, der Konzentration und ist gar nicht so kompliziert, wie wir es uns vielleicht vorstellen. Meist unterfordern wir unsere Hunde eher, als dass wir sie überfordern, da wir kaum eine Vorstellung davon haben, wie gut Hunde tatsächlich riechen können.

### KEINE LECKERCHENFÄHRTE!

*Ich empfehle allen Hundehaltern grundsätzlich von einer Leckerchenfährte abzusehen. Zum einen ist ein Hund mit einer Spur aus Futterbrocken schlichtweg unterfordert, zum anderen lernt mein Hund so, Futter vom Boden aufzunehmen, und ich kann ihm nicht böse sein, wenn er im Sommer einen Grillplatz absucht.*

Da der olfaktorische Sinn direkt mit dem limbischen System im Gehirn verbunden ist, das für die Verarbeitung und Regulierung von Gefühlen verantwortlich ist, kann eine von uns gestellte „Nasen-Aufgabe" unseren Hund sehr glücklich machen. Die Herausforderung besteht darin, die Aufgabe dem Hund anzupassen, damit dieser weder unter- noch überfordert wird.

Vorsteh- und Stöberhunde haben eine hervorragende Nase, aber häufig ist der Start in eine Suchaufgabe die größere Herausforderung als die Suche an sich. Die Konzentration und die körperliche Versammlung am Start gestalten sich oft schwierig. Da diese Hunde darauf selektiert wurden, jederzeit alle Reize der Umgebung wahrzunehmen und so das Wild anzuzeigen bzw. aufzustöbern, fällt es ihnen naturgemäß schwer, Reize auszuschalten und sich auf einen einzigen

*Die meisten Hunde, wie auch dieser Hovawart, finden Gefallen an der Nasenarbeit.*

zu konzentrieren. Warum der Aromaspur folgen, wenn da das Reh entlangsprang und eben gerade ein Kaninchen den Weg kreuzte?

Selbstverständlich können die Vorsteh- und Stöberhunde die Konzentration erlernen, wir sollten sie dabei aber geduldig unterstützen. Ich halte es für wichtig, den gemeinsamen Beginn der Suche strukturiert zu gestalten und sich von einem eventuell hibbeligen Hund nicht aus der Ruhe bringen zu lassen. Das Anziehen des Suchgeschirrs (beim Mantrailing oder bei einer Aromaspur), das Absetzen, bevor ich dem Hund präsentiere, was wir eigentlich suchen wollen, und das Warten auf den Start, bis der Hund in der Lage ist, sich an mir zu orientieren, ist sinnvoll. Ein sehr aufgeregter Hund braucht jedoch zu Beginn noch etwas Entgegenkommen: Nicht jeder Hund kann sich in einer ihm fremden Umgebung und vor einer neuen Aufgabe hinsetzen und sich konzentrieren.

Territoriale Unsicherheit (Wo sind wir? Was passiert hier?) und noch nicht ausreichend ausgeprägtes Vertrauen in die Bezugsperson in neuen Situationen können mit gemeinsamen Erfolgserlebnissen bei der Suche leichter überwunden werden. Wenn ein Hund sich vor dem Start nicht hinsetzen kann oder sich nicht zutraut, seine Umgebung aus den Augen zu lassen und sich auf die Suche zu konzentrieren, dann sollte man mit der gemeinsamen Suche in einer Umgebung beginnen, die dem Hund bekannt und positiv vertraut ist.

Einigen Hunden hilft es, wenn man sie vor dem Start „ausstreicht“, das bedeutet, von der Nase bis zur Rute mit beiden Händen kräftig in langen Strichen den Körper streichen, nicht streicheln. Der Druck auf die Haut verbessert das Körpergefühl, der Hund kann leichter seine Aufregung überwinden und sich konzentrieren.

Hütehunde und andere Hundetypen, die für die Arbeit an der Herde gezüchtet wurden, haben in der Regel kein Konzentrationsproblem. Sie sollten sich ausschließlich um das ihnen anvertraute Vieh kümmern und sind Meister darin, sich auf eine Sache zu konzentrieren. Daher finden sich unter den Hütehunden auch so viele Balljunkies.

Herdenschutzhunden fällt die Konzentration zwar auch leicht, man muss ihnen jedoch erklären, warum man suchen sollte, welchen Nutzen die Suche haben kann und warum ausgerechnet sie und nicht wir suchen sollten. Das gilt auch für manch anderen Hundetyp, beispielsweise die Allrounder, zu denen der Rhodesian Ridgeback gehört. Weder ein Herdenschutzhund noch ein Ridgeback würden ihre Energie dauerhaft dafür verschwenden, nach nutzlosen Gegenständen zu suchen!

Hunde, die am Vieh arbeiten sind besonders skeptisch gegenüber Fremden und häufig unsicher in unbekannter Umgebung. Mantrailing stellt für sie eine besonders gute Form der Nasenarbeit dar, weil sie so aktiv an fremde Personen und neue Umgebungen herangeführt werden und mittels der positiven emotionalen Verknüpfung der Nasenarbeit flexibler und offener werden können.

## Aromaspur (Ersatzschweißarbeit)

Sehr viel anspruchsvoller ist es beispielsweise, Futterbrocken in Wasser aufzulösen oder Auftauwasser vom Fleisch (Rohfütterung) in einer PET-Flasche zu sammeln und damit eine Spur zu „legen“. Die Flasche ist leicht mit einem Loch zu versehen oder ich drehe den Deckel ein bisschen auf, sodass ich eine Spur tröpfeln kann. Selbst unerfahrene Hunde erkennen selbstverständlich ihren Futtergeruch und sind sehr schnell in der Lage, auch lange Spuren bis zu einem oder mehreren Kilometern zu trailen. Dabei ist es wichtig, dass ich diese Spuren langsam aufbaue. Bei Welpen fangen wir mit drei Monaten mit 50-Meter-Spuren in bekannter Umgebung (Trainingsgelände, Garten, bekannte Wiese) an. Dort ist die Ablenkung noch nicht so groß und der Welpe kann sich eher darauf konzentrieren zu suchen, als wenn eine unbekannte Umgebung ihn verunsichert.

Natürlich fällt es einer Bracke oder einem Meutehund leichter, mit der Nase zu suchen, als einem visuell orientierten Hütehund; dennoch ist es für jeden Hund sinnvoll, alle seine Sinne anzusprechen und eine Beschäftigung anzubieten, bevor der Hund sich selbst eine sucht. Eine Aromaspur entspricht zwar nicht der aus dem Wildgeruch und der Bodenverletzung (umgeknickte Halme usw.) entstandenen Wildfährte oder der sogenannten Schweißspur eines verletzten Wildtieres (Mischung aus Blut, Haaren, Bodenverletzung), löst aber bei vielen Hunden große Begeisterung aus. Man kann die Aromaspur als „Ersatzschweißarbeit" bezeichnen.

Als Einstieg in die Nasenarbeit bietet sich dies an, da es für die Hunde sehr nachvollziehbar ist, warum sie diese Spur suchen sollen/dürfen. Am Ende der Spur verstecke ich die Flasche mit einem Rest der Flüssigkeit, die der Hund zum Abschluss trinken darf. Zudem wartet auf den glücklichen Finder in einer Astgabel – sicher vor anderen Hunden versteckt – ein Futterbeutel mit einer Schnur versehen, mit dem zum Abschluss der gemeinsamen Suche ein Hetzspiel (siehe Seite 112) erfolgen kann.

*Eine Aromaspur auch über Wildgerüche hinweg zu verfolgen, ist sehr anspruchsvoll.*

Fortgeschrittene Teams schleichen sich auf einen versteckten Futterbeutel an wie auf echtes Wild, sodass die Spannung erhöht wird und der wilden Jagd möglichst nahekommt. Viele Hunde, die erstmalig mit ihren Menschen gemeinsam suchen, stellen begeistert fest, dass ihre Menschen doch eine Nase haben, die zu etwas taugt, da der Mensch die Spur aufgetan und den Startpunkt angezeigt hat.

Der Hund trägt zum Suchen ein gut sitzendes Suchgeschirr, das ermöglicht, den Kopf abzusenken, ohne dass der Kehlkopf gedrückt wird, und das so weit hinter den Achseln sitzt, dass diese nicht wundgescheuert werden oder das Fell verfilzt. Am Suchgeschirr wird eine 5-Meter-Leine befestigt und der Hund darf „ausnahmsweise" den Menschen führen. Der 5-Meter-Radius gewährleistet, dass ich durch zu nahes Aufrücken meinen Hund nicht nach vorn „schiebe", sondern er sich in Ruhe seinen Weg suchen kann. Dabei halte ich die Leine stets in leichter Spannung, damit durch die wechselhafte Spannung die Konzentration nicht gestört wird und der Hund zudem nicht in eine schlaffe Leine tritt und ich ihn entwirren muss. Auch dies würde die Konzentration unnötig stören.

Durch die straffe Leine spürt mein Hund mich hinter sich und muss sich nicht nach mir umdrehen, sondern kann vertrauensvoll unseren Weg erschnüffeln. Selbstverständlich bin ich unter diesen Voraussetzungen dafür verantwortlich, darauf zu achten, dass mein Hund in seiner Arbeit nicht gestört wird. Ein flottes Spiel zwischendurch ist für die meisten Hunde während der Arbeit eine Zumutung. Auch ich beschwere mich bitterlich, wenn ich bei meiner Schreibarbeit gestört werde, da ich dann die Konzentration verliere und mich wieder neu sammeln muss. Unterwegs bitte ich also entgegenkommende Mensch-Hund-Teams, ihren Hund bei sich zu halten und trete damit für das Recht auf freie Berufswahl meines Hundes ein. Welcher Hund möchte schon hauptberuflich Begleiter und Hundebespieler sein, wenn er ernsthafte Tätigkeiten, die das (Futter-)Auskommen sichern, ausüben könnte?

## Mantrailing

Mantrailing stellt die Suche nach einem einzelnen, bestimmten Menschen dar. Im Gegensatz zur Rettungshundearbeit, bei der beispielsweise im Katastropheneinsatz nach jedem beliebigen Überlebenden gesucht wird, wird beim Mantrailing nach speziell einem Individuum gesucht. Hierfür lernt der Hund einen Geruchsartikel, zum Beispiel einen Handschuh oder einen anderen persönlichen Gegenstand, als Suchgeruch zu identifizieren und ausschließlich diesem einen Geruch zu folgen. Dies zu erlernen setzt bei Hund und Halter Geduld und Genauigkeit voraus und eine fachliche Anleitung.

*Der Geruchsartikel der Zielperson wird beim Mantrailing dem Hund in einer Tüte zum Anriechen vorgehalten.*

Da der Hund zuallererst lernen muss, einen Menschen finden zu wollen, muss ich als Hundehalter genau abwägen, wie ich mich und meinen Hund daran heranführen lassen möchte. Einige Ausbilder bieten beispielsweise an, eine Zielperson (derjenige, der gesucht werden soll) mit einem Gegenstand, der für den Hund von großem Wert ist (zum Beispiel Ball oder Futterbeutel), davonlaufen zu lassen, damit der Hund das Bedürfnis bekommt, dem Menschen zu folgen. Dabei kann es jedoch sein, dass der Hund entweder Ängste entwickelt, weil ein ihm wichtiger Gegenstand „geklaut" wird und er ihn wiederfinden muss, oder ein wahres „Menschenjagd-Bedürfnis", weil es ihm den Kick gibt, die Zielperson wieder „einzufangen".

Beides finde ich, unabhängig davon, ob ich mit meinem Hund als Bereicherung unseres Alltages „zum Spaß" traile oder sogar vor habe, mit meinem Hund tatsächlich vermisste Personen zu suchen, ungünstig. Ich denke, Mensch und Hund sollten Freude daran haben, den entsprechenden Menschen zu suchen und nicht einen Gegenstand, der zufällig von einer bestimmten Person entwendet wurde. Hunde, die das Suchen unter diesen Voraussetzungen erlernt haben, zeigen oft eine übermäßige Aufregung am Start, die nichts mit Vorfreude zu tun hat, und sie machen leichter Fehler bei der Zuordnung des Geruchsartikels zu einer Person, da das Finden der Person nicht im Vordergrund steht.

Ich selbst habe Mantrailing mit meinem Ridgeback-Rüden so begonnen, dass jemand mit unserem gefüllten Futterbeutel davongelaufen ist. Odongo hat sehr schnell sehr intensiv gesucht, aber ich habe über die Zeit, in der wir selbst in

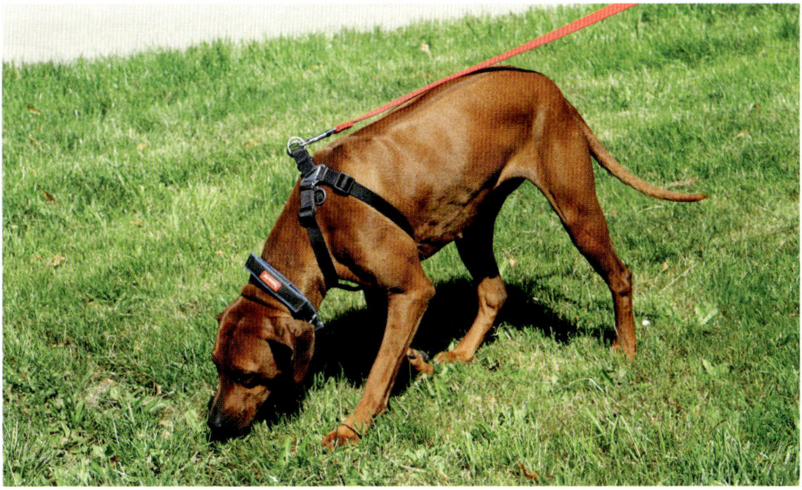

*Ein Geschirr und die mindestens 5 Meter lange Leine gehören zur Grundausstattung der Nasenarbeit und somit auch zum Mantrailing.*

unserer Hundeschule diese Herangehensweise angeboten haben, bemerkt, wie viele Hunde tatsächlich Stress beim Suchen entwickeln. Seit Längerem bieten wir unseren „Mantrailern“ folgenden Einstieg in die Suche an:

Die Zielperson geht, ohne dass der Hund dies sieht, vom Ausgangspunkt weg und lässt alle fünf Schritte eine Socke fallen. Nach 15 Socken steht die Person außer Sicht versteckt und der Hund wird an den Start geführt. An der ersten Socke zeigt der Mensch dem Hund mit einem Schnüffelgeräusch (falls der Hund das Signal „Such“ noch nicht kennt) und dem Signal „Such“, dass er an der Socke schnuppern kann/darf/soll. Wenn der Hund dies tut, weist der Mensch ihn mittels Handsignal voran zur nächsten Socke und wiederholt das Signal und das Geräusch. Sehr viele Hunde beginnen dann schon der Sockenspur zu folgen. Bei der Zielperson angekommen, darf der Mensch beschnuppert werden, der Hund sich anschließend hinsetzen und dann spielen Hund und Halter beispielsweise mit dem mitgebrachten Futterbeutel.

Die Zielperson entfernt sich ein zweites Mal auf die gleiche Art und Weise und es wird noch einmal gesucht. Der Erfolg für den Hund ist die Freude über die bewältigte Aufgabe und das gemeinsame Spiel mit seinem Menschen. Die Zielperson wird weder bedrängt, weil sie ja nichts hat, was der Hund unbedingt haben möchte, noch verbellt, weil ein Sitzen als Anzeige absolut ausreichend ist.

Ich habe mit meinem Hund mal einen älteren Herren, der aus einer Seniorenresidenz „abhanden“ gekommen war, gesucht und gefunden. Der alte Herr war verwirrt und hatte Angst vor Hunden. Es wäre also schlicht eine Katastrophe für ihn gewesen, wenn mein großer Hund sich vor ihm aufgebaut und ihn verbellt hätte oder Ähnliches. Trotzdem die Suche nur ein paar hundert Meter lang war und wir fast zufällig daran beteiligt waren, war mein Hund unsäglich stolz, da er spürte, dass dies kein lustiges Spielchen war, sondern eine wahrhafte Aufgabe. Hunde lieben es, genau wie wir Menschen, wichtige Aufgaben zu haben und diese zu bewältigen!

Wenn diese ersten „Suchmeter“ geschafft sind, dann wird der Abstand zwischen den Socken und die Streckenlänge vergrößert. Selbstverständlich sollten möglichst immer wieder unterschiedliche Personen gesucht werden, damit der Hund lernen kann, die Individualgerüche zu unterscheiden. Wenn Hunde es gewohnt sind, mit ihren Menschen beschäftigt zu sein und von ihren Menschen inhaltsstarke und interessante Beschäftigungsangebote erwarten, dann lassen sie sich sehr schnell auf die gemeinsame Personensuche ein.

Wenn ein Hund jedoch kein Interesse an den „Socken“ zeigt, kann dies natürlich auch mit einer Unsicherheit Menschen gegenüber zu tun haben oder dem Gefühl, dass ihm das Angebot nicht jagdlich genug ist. Dann kann man versuchen, den Hund beim Weggehen des Menschen zusehen zu lassen. Das weckt oft das Interesse. Ist das auch dann nicht der Fall, kann die Zielperson den Hund ansprechen, bevor sie geht, um Hemmnisse abzubauen und Interesse zu wecken. Und ausschließlich in den Fällen, wo dies nicht fruchtet, könnte man erwägen, ein externes Objekt als Verstärker, wie zum Beispiel ein bekanntes Spielzeug, zu Hilfe zu nehmen.

Dann sollte man aber überlegen, ob die Personensuche für den Hund die geeignete Beschäftigung ist und man dem Hund nicht lieber eine Aromaspur anbieten sollte. Den Hund mit Futter, das durch die Zielperson am Ende angeboten wird, zu locken oder zu motivieren, ersetzt auf Dauer nicht das Interesse und die Begeisterung, die ein Hund hat, der um des Suchens willen sucht.

Der Schwierigkeitsgrad in der Personensuche ist beliebig variierbar. Die Spuren können älter (bis zu vielen Tagen) oder länger werden. Die Untergründe können variieren (Asphalt, Wiese, Waldboden, Schotter) und die Ablenkung kann unterschiedlich sein (Menschen, Hunde, Wildgerüche, Stadtgerüche).

## Feldsuche

Unter dem Begriff Feldsuche kann man verschiedene Formen der Nasenarbeit zusammenfassen. Grundsätzlich wird etwas auf einer definierten Fläche gesucht. Das können Verletzte oder vermisste Personen in einem Trümmerfeld sein, geschossene Enten auf einem Feld (revieren und apportieren), lebendes Wild auf einer Wiese (revieren und anzeigen/vorstehen), Wasservögel am Teichrand (stöbern und aufscheuchen) oder Sprengstoff in einer Kirche (suchen und anzeigen).

*Durch die niedrigen Temperaturen werden Gerüche im Schnee konserviert und überlagern sich gegenseitig, sodass die Suche sehr schwierig sein kann.*

Für diese unterschiedlichen Formen der Suche werden auch verschiedene Hunde eingesetzt.

Bei der Trümmersuche werden selbstverständlich leichte, bewegliche und sehr gewandte Hunde eingesetzt, die sich außerordentlich sicher auf den oft unebenen und wackeligen, unsicheren Untergründen bewegen können und die sich gut konzentrieren können und von ihren Menschen leiten lassen. Trotzdem müssen sie den Mut haben, sich selbstständig in der Umgebung zu bewegen.

Beim Stöbern und Vorstehen werden jagdlich ambitionierte Hunde eingesetzt, die sehr empfänglich für alle Reize sind, damit ihnen bei ihrer Arbeit nichts entgeht. Häufig können diese Hunde schlecht differenzieren und Prioritäten setzen und der Hundehalter erlebt seinen Begleiter als einen schnell abzulenkenden, unkonzentrierten und jedem jagdlichen Reiz nachgebenden Partner. Vorsteh- und Stöberhunde sollen selbstständig arbeiten und dabei sehr engagiert und passioniert vorgehen. Leider wird das Ablassen von der potenziellen Beute (Beute-Tabu) häufig mit Härte trainiert und die sehr sensiblen Hunde leiden darunter.

Wir Hundehalter können unseren Hunden das Suchen in der Fläche auch ohne einen beruflichen oder jagdlichen Hintergrund anbieten, indem wir beispielsweise Futterbeutel auf der Fläche suchen lassen. Dabei kann man die „gefallenen Enten“ oder das Wild imitieren: Wenn ich die Futterbeutel weit auswerfe und nicht über die Fläche gehe, sucht mein Hund den Geruch des Beutels. Gehe ich über die Fläche und lasse die Beutel fallen, ahme ich den Weg des Tieres nach und mein Hund sucht auf meiner Spur den Futterbeutel.

Selbstverständlich kann ich auch andere Dinge suchen lassen, beispielsweise Gegenstände des täglichen Gebrauchs wie Handschuhe. Das nennt sich dann „Verlorensuche“. Entscheidend ist, dass ich meinem Hund erkläre, was wir warum suchen. Eine Suche ohne Sinngebung um des Gehorsams willen stellt keine tatsächliche Alternative zum jagdlichen Stöbern dar.

Mein kleiner spanischer Vorstehhund-Mix liebt die Feldsuche. Am großartigsten findet er es, wenn ich etliche Futterbeutel auf einer Fläche von mehreren tausend Quadratmetern verteile, ohne die Fläche dabei abzugehen. Er stöbert sich durch die Wiese und bekommt von mir insofern Hilfestellung, als dass ich – sobald er zu weit abschweift – ein Stopp-Signal und das Kommando für „Umdrehen“ gebe. Er wendet sich dann um und sucht in der anderen Richtung weiter. Mit einem schnellen „Such-Such-Such“ kennzeichne ich die Stellen, an denen er intensiver suchen soll, wenn er sich schwer tut. So erreiche ich trotz einer hohen Selbstständigkeit in der Suche trotzdem eine Zusammenarbeit. Natürlich muss ich Signale wie „Stopp“, „Umdrehen“ und „Such“ erst einmal etablieren, bevor ich sie auf großer Fläche einsetzen kann.

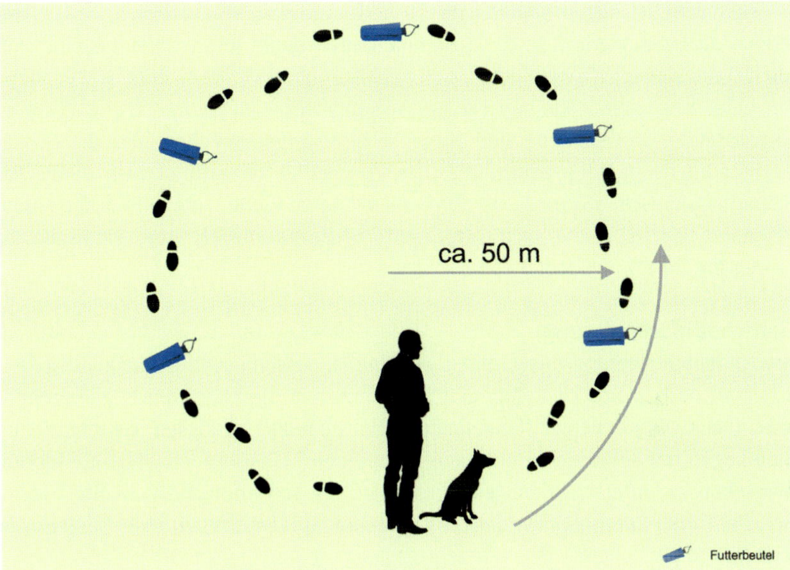


*Verlorensuche auf der menschlichen Schrittfährte*

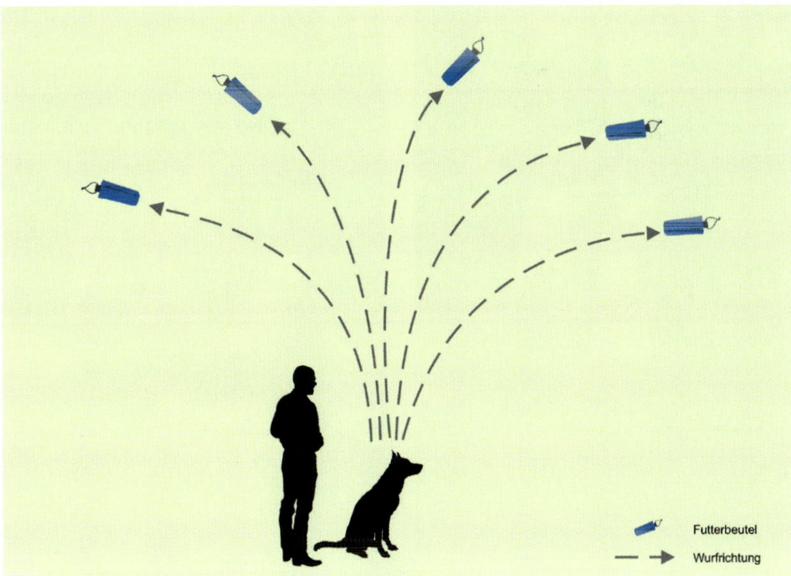


*Freie Feldsuche nach Geruch der Zielobjekte*

Feldsuche ist sicher sinnvoll für Stöberhunde und Vorstehhunde. Ich sollte jedoch darauf achten, dass die Zusammenarbeit dabei gewährleistet bleibt und mein Hund sich nicht „wegsucht“, sich geistig von mir verabschiedet. Ich beginne auf einer begrenzten, kleinen Fläche, beispielsweise im Garten. Die gesuchten Gegenstände werden ohne den Hund in Sichtweite ausgelegt und die Suche beginnt an der 5-Meter-Leine. Das „Such“ erreiche ich ganz einfach durch ein Schnüffelgeräusch. „Stopp“ und „Umdrehen“ sollte immer sinnvoll für den Hund verknüpft werden (siehe auch „Hetzjagd“, „Distanzkontrolle“ und „Kontrolle an bewegtem Reiz“).

## Geruchsdifferenzierung

Geruchsdifferenzierung beschreibt die Aufgabe, verschiedene Gerüche zu unterscheiden und zuzuordnen. Das gibt uns Menschen die Möglichkeit, ganz unterschiedliche Dinge mit der Nase suchen oder anzeigen zu lassen. Generell kann man sagen, dass Hunde in der Lage sind, jeden Menschen von jedem anderen Menschen zu unterscheiden, jeden organischen und anorganischen Stoff (zum Beispiel in der Sprengstoff- oder Drogensuche) zu identifizieren. Was können wir jedoch damit machen?

*Unter den Pylonen lassen sich unterschiedliche Geruchsträger verstecken. Hier werden Nasenleistung und Geschicklichkeit kombiniert.*

Eine ganz einfache Übung, die einen häufig schmunzeln lässt, ist die Suche eines Futterbeutels oder einem anderen für den Hund wertvollen Gegenstand unter einer von mehreren Pylonen (Baustellenausstattung oder die kleineren für Kinder). Ich benötige dafür nicht unbedingt Pylonen, sondern kann auch mehrere Plastikdosen oder Ähnliches verwenden. Wenn der Hund den gesuchten Gegenstand unter einer Pylone erschnüffelt, gibt es die wunderbarsten Techniken, um den Gegenstand von der Pylone zu befreien: Einige Hunde werfen gekonnt mit einer schnellen Pfotenbewegung den lästigen Kegel um, andere versuchen sich zu ihrem Futterbeutel zu graben oder tragen die Pylone mit dem Fang weg. Sehr häufig erlebe ich in Trainingssituationen, dass Hunde sich voller Begeisterung auf die Pylonen „stürzen" und alle der Reihe nach umwerfen, ohne die Nase einzusetzen. Brächte es ihnen keinen Spaß, würden sie sicher zuerst die Nase einsetzen.

*Aus einer Menge Futterbeutel unterschiedlicher Hunde soll der eigene Beutel herausgesucht werden.*

Auf einer Fläche können mehrere Personen für ihre Hunde Futterbeutel auslegen, denn die Hunde sind in der Lage, ihren eigenen Beutel zu identifizieren und zudem der Geruchsspur ihres eigenen Menschen zu folgen. Interessant wird es dann, wenn die Menschen jeweils für einen anderen Hund verstecken und der Hund Nasenkontakt mit der versteckenden Person hatte. Ein Hund, der die Aufgabenstellung des Spurverfolgens kennt, wird auch diese Aufgabe mit Begeisterung meistern.

Man sollte allerdings nicht zu häufig einen für den Hund wertvollen Gegenstand oder die Futterressource aus der Hand an andere Personen abgeben. Das könnten die Hunde als Beweis unserer Naivität oder schlicht als Diebstahl ansehen. Dann vergeht allen Beteiligten schnell der Spaß!

Es ist auch möglich, Hunde zwischen unterschiedlichen Hölzern, die mit einem Geruch behaftet sind, unterscheiden zu lassen oder andere Gerüche vorzugeben, die gesucht werden sollen. Ich finde es jedoch wichtig, immer darauf zu achten, dass eine jagdliche Assoziation, also eine Sinngebung auch hierbei für den Hund stattfindet.

Es ist sehr unterschiedlich, wie sehr die Hunde sich auf die verschiedenen Aufgabenstellungen einlassen. Sehr ernsthafte Hunde wie Allrounder, Herdenschutzhunde oder einige Treibhunde (und natürlich auch noch andere) lassen sich nur auf für sie nachvollziehbare Aufgaben ein. Sie würden von sich aus keinen Handschuh oder einen Ball aus einer Gruppe anderer Dinge heraussuchen. Wenn ich ihnen jedoch „normalerweise“ nur sinnvolle Gegenstände anbiete, werde ich sie wahrscheinlich auch davon überzeugen können, sich mit Dingen zu beschäftigen die ihnen auf den ersten Blick sinnlos erscheinen könnten.

## Objektsuche

Bei der Objektsuche setzt sich eigentlich die Aufgabe der Geruchsdifferenzierung fort. Unsere Hunde können lernen, nach ganz bestimmten Gegenständen, die auch mit einem Namen belegt werden können, zu suchen. Das setzt ein hohes Maß an Kooperationsbereitschaft des Hundes voraus, da die Gegenstände für den Hund meist uninteressant sind.

Wir lassen beispielsweise bei unseren Workshops Schlüssel, Kugelschreiber oder Feuerzeuge suchen. Keiner dieser Gegenstände ist von Interesse für unsere Hunde. Wir zeigen ihnen jedoch, dass wir damit etwas tun möchten, und bestätigen das Auffinden des Gegenstandes mit dem Werfen eines Futterbeutels, den der Hund apportieren soll, sodass die Aufgabe in ein Jagdspiel integriert wird.

Grundsätzlich ist es eigentlich sehr einfach, Hunden die Objektsuche beizubringen, wenn der Hund Spaß an der Zusammenarbeit hat. Es gibt jedoch auch Trainingsmethoden, die aus dem Aufbau der Objektsuche eine Raketenprofessur machen. Ich befürchte ein bisschen, dass das ganz langsame Herantasten mittels ständig wiederholter Bestätigung durch den Clicker oder das Futter den Spaß an der Aktivität eher hemmt. Sollte ich mich täuschen, würde mich das freuen.

Wichtig bei der „Erklärung“ des Gegenstandes ist es, dass der Hund ein bestimmtes Geruchsmerkmal aufgezeigt bekommt. Beim Kugelschreiber riecht die Tinte ganz besonders. Es ist also sinnvoll, mit dem Stift zu schreiben, die Tinte sozusagen zu aktivieren, und dann den Hund daran riechen lassen. Ich sage dazu das Wort Kugelschreiber und werfe den Stift ein Stückchen weg. Da mein Hund ja Interesse an dem hat, was ich tue, wird er wahrscheinlich zum Kugelschreiber gehen und gucken, was ich damit gemacht habe. Daraufhin freue ich mich ganz fürchterlich und werfe umgehend den Futterbeutel (Jagdspiel!). Das wiederhole ich ein paarmal: anriechen lassen mit „Kugelschreiber“ und wegwerfen.

Bevor mein Hund das Interesse verliert, verstecke ich den Kugelschreiber erst einmal und lasse meinen Hund dabei zusehen. Wenn ich ihn dann mit „Such Kugelschreiber“ losschicke, wird er somit noch nicht vor eine allzu schwere Aufgabe gestellt und hat ein schönes Erfolgserlebnis. Die nächste Suche darf dann schon etwas schwieriger sein.

Ich beginne mit der Objektsuche im Haus in einem Raum und dehne dann den Aktivitätsradius aus bzw. beziehe andere Gegenstände in das Spiel ein. Auch dieses Suchspiel ist sehr zuträglich für Hunde, die sich schwer konzentrieren können, und für Hunde, die draußen sehr visuell orientiert sind (Hütehunde). Wenn ich mit der Objektsuche so weit fortgeschritten bin, dass wir auch außerhalb des Hauses und des Gartens suchen können, dann ist dies eine wunderbare Beschäftigung für unterwegs, wenn ich Schwierigkeiten habe, eine Fläche zu finden, auf der ich eine Beschäftigung mit einer wertvollen Ressource beginnen könnte, beispielsweise weil sie stark von anderen Hunden frequentiert wird. Da dies zu Auseinandersetzungen zwischen den Hunden führen könnte, ist die Objektsuche besonders geeignet, da kaum ein anderer Hund Interesse an einem Kugelschreiber zeigen wird.

## Apportieren

Apportieren beschreibt eigentlich das Aufnehmen, Tragen und Abgeben einer Beute und kommt aus dem Jagdgebrauch. Jeder Hund, dessen Anatomie es ermöglicht, kann apportieren und bereits Welpen tragen Gegenstände umher und initiieren so Jagdspiele, bei denen die Geschwister versuchen, ihnen die Ersatzbeute (Stoff, Fell, Stock usw.) abzujagen. Sehr selten gibt es den Fall, dass Hunde aufgrund deformierter Kiefer nicht „greifen“ können.

Ich erinnere mich an eine leider inzwischen verstorbene Mopsdame, die hinter der Terrassentür ihrer Besitzerin ein Training ihres Frauchens mit dem zweiten Hund der Familie, einer Ridgeback-Hündin, verfolgte. Sie befreite sich mehrfach aus der hinter der Terrassentür liegenden Küche und eilte herbei und wollte auch apportieren. Sie schaffte es jedoch nicht mit ihrem Unterbiss, den Futterbeutel aufzunehmen, und schob daher den Beutel mit den Pfoten vor sich her! Ich werde das niemals vergessen und es ist mir eine Mahnung, jeden Hund und seine Bedürfnisse ernst zu nehmen und jedem Hund wertvolle Beschäftigung mit Sinngebung anzubieten und mich durch Optik nicht täuschen zu lassen!

Jeder Hund hat einen Jagdinstinkt, ob wir das möchten oder nicht. Ich erlebe immer wieder Kunden, die zu mir kommen und erzählen, dass sie aufgehört haben mit einem Futterbeutel Apportierspiele zu machen, weil der Hund den Beutel nicht abgeben mag. Sie kehren dann zurück zu den alten „Spielchen“ mit Ball und Stock. Letztendlich ist jedoch genau dies das Großartige an den Futterbeu-

*Dieser Labrador Retriever jagt mit Leidenschaft seine mit Futter gefüllte Flybee®.*

teln: Wenn mein Hund mir den Beutel abgibt, dann gibt er mir die Verantwortung für sein Futter, für sein täglich Brot.

## UNTERORDNUNG?

*Viele Menschen gehen zu einem speziellen „Unterordnungstraining", damit ihr Hund einsieht, dass sie der Chef sein wollen. Warum nur? Apportiert mein Hund mir seine Kauartikel oder einen Futterbeutel und, nachdem der Anfang gemacht ist, vielleicht sogar einen geöffneten Beutel, dann brauche ich die Unterordnungsübung nicht.*

Besonders die selbstständigen Hunde wie Herdenschutzhunde und Solitärjäger tun sich anfänglich nicht selten schwer mit der Beutelabgabe. Ich erinnere mich noch sehr gut daran, wie ein entzückender Parson Russell Terrier zu Beginn unseres gemeinsamen Trainings von seinen Besitzern einmal den Beutel aufgenommen hat und wir den Rest der Stunde damit beschäftigt waren, den Beutel wiederzubekommen.

Dabei geht es nicht darum, den Hund mit „Aus", „Gib", „Pfui" und körperlicher Bedrängung zum Abgeben zu nötigen, sondern mit Geduld die Herausgabe abzuwarten. Die Fütterung aus dem Beutel erfolgt selbstverständlich erst zum Abschluss der gemeinsamen Beschäftigung und nicht häppchenweise nach jeder

Abgabe. Ein Kaninchen jagt man ja auch nicht Ohr für Ohr (das es freundlicherweise unterwegs verliert) sondern im Stück.

Apportieren bedeutet: hinlaufen, nachdem der Hund vom Menschen geschickt wurde, Beutel aufnehmen, zurücktragen und abgeben. Dafür gibt es ein Signal („Apport", „Bring", „Hol" oder „Kühlschrank", je nachdem was mir gefällt), nicht diverse Signale für jeden Teil der Aufgabe.

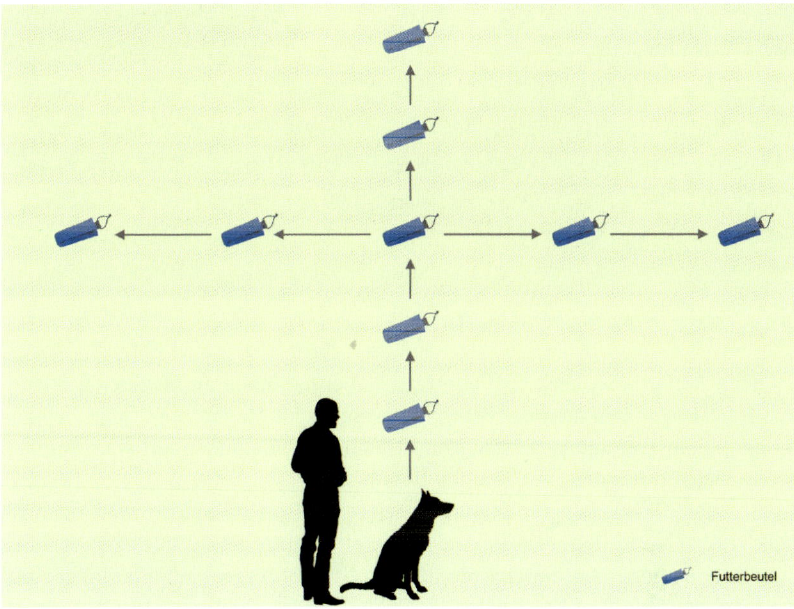


*Dummykreuz: Dirigieren und Apportieren für Fortgeschrittene. Hierbei können die Signale „Voran", „Links" und „Rechts" sowie das Apportieren des gewählten Dummys geübt werden.*

Einige Hunde haben kein Interesse daran, einen liegenden Beutel aufzunehmen. Der Reiz des Futters lockt sie nicht so sehr. Da ist es sinnvoll, zu Beginn ein Schnürchen an den Beutel zu knüpfen und ihn daran zu bewegen. Das erhöht den Reiz (siehe „Hetzjagd"). Grundsätzlich lasse ich meinen Hund nur apportieren, wenn er vorher mit mir Blickkontakt hatte. Das bedeutet, dass er sich visuell von der Beute trennt und mich ansieht. Dazu fordere ich ihn nicht auf, denn das würde im Angesicht eines Rehs auch nicht funktionieren, sondern ich warte, bis mein Hund von sich aus guckt. Wenn er lernen darf, dass jeglicher Spaß nur in Absprache und nach Blickkontakt mit mir stattfindet, dann erhöht sich die Chance, dass er auch beim Anblick eines Rehs „fragt". Und dann kann ich entscheiden, ob ich „ja" oder „nein" sage.

*Der Hund wächst mit seinen Aufgaben.*

Beim Apportieren lässt sich ebenso wie bei den anderen bereits geschilderten Beschäftigungsformen der Schwierigkeitsgrad für Mensch und Hund beliebig steigern. Selbstverständlich lasse ich nicht nur einen Beutel apportieren, sondern gönne meinem Hund das Gefühl des Überflusses.

Ich kann die ausgelegten Dummys anweisen, also entscheiden, welchen mein Hund zuerst apportiert, ich kann die Beutel in einer Reihe auslegen, meinen Hund an den ersten vorbeischicken und ihn das „Feld von hinten aufrollen" lassen, Stoppsignale und Bewegungsreize einbauen, mit mehreren Hunden gleichzeitig und abwechselnd apportieren, in einer Gruppe mit mehreren Teams und unter Ablenkung arbeiten und meiner Fantasie freien Lauf lassen. Je mehr ich meinem Hund langfristig an Schwierigkeiten anbieten kann, desto erfüllter und stolzer wird der Hund bei seiner Arbeit sein.

## Hetzjagd

Der Unterschied zwischen Katzen und Wölfen in Bezug auf Jagdstrategien ist einfach zu erklären: Katzen schleichen sich an und verringern die Distanz zu ihrem Beutetier so sehr, dass sie mit wenigen Sprüngen ihre Beute erlegen können. Wölfe als Gruppenjäger haben die Chance, großes Wild zu jagen, weil sie im Team agieren und es sich durch Arbeitsteilung leisten können, ein Beutetier auf längeren Strecken zu hetzen, von der Herde zu separieren und so zum Erfolg zu kommen.

Selbstverständlich haben Wölfe und Hunde auch andere Jagdtechniken. Um großes Wild zu erlegen, brauchen sie jedoch die gemeinsame Hetzjagd und die Interaktion der Gruppe beim Stellen des Tieres. Nicht selten hört man bei Hunden zu Beginn einer wilden Hetzjagd ein entweder hysterisches oder sehr blechern klingendes Gebell, das die Teammitglieder heranrufen soll, um gemeinsam zum Erfolg zu kommen.

*Hetzspiel an der Reizangel*

Unsere Hunde machen immer wieder die für sie traurige Erfahrung, dass sie uns rufen und rufen und wir leider immer noch zu schüchtern sind, uns ihnen mit Gebrüll anzuschließen. Das sollten wir ändern. Selbstverständlich wollen wir unseren Hunden keine wilde Hetzjagd auf lebendes Wild anbieten, aber wir können uns anders behelfen. Jäger verwenden in der Jagdhundausbildung eine sogenannte Reizangel, mit der sie mit ihren Hunden beispielsweise das Vorstehen trainieren. Wir „Normalhundehalter" können eine stabile Angel (keine Brandungsangel) mit einer etwa 0,4 cm dicken Nylonschnur (keine Angelsehne, sie könnte zwischen den Hundezähnen hängen bleiben) versehen und daran einen leichten Futterbeutel befestigen. Der Futterbeutel kann mittels der Angel wie ein Beutetier von dem Hund weg bewegt werden, gehetzt und gefangen werden. Die Freigabe der Hetzjagd erfolgt nur nach vorherigem Blickkontakt mit dem Hundehalter (siehe auch „Apportieren").

Nicht nur sehr visuell orientierte Hundetypen wie Hütehunde oder Windhunde erfreuen sich an einer Hetzjagd, sondern auch passionierte Nasenjäger wie Schweiß- und Meutehunde. Für sie ist das Hetzen der Beute ebenso ein wichtiger Teil der Jagd. Sie sind allerdings selten so passioniert dabei wie die Sichtjäger.

Von Beginn an sollte ich darauf achten, dass ich meinen Hund nicht unkontrolliert hetzen lasse und dies nicht als ausschließliche Beschäftigung einsetze. Die Hetzjagd ist in der Natur auch nur ein Teil der Jagdsequenz und gerade Hütehunde und Vorstehhunde neigen dazu, bei zu viel „Gehetze" gehetzt und hysterisch zu reagieren. Grundsätzlich ist es gut, einen Hund vor der Hetzjagd „aufzuwärmen", sowohl körperlich als auch geistig. Eine Suche, bei der der Hund in seinem Tempo seine Muskulatur warmlaufen kann oder das Anschleichen auf Beute (siehe „Distanzkontrolle“), bei der durch die hohe Muskelspannung ebenfalls eine Aktivierung stattfindet, sind eine gute Vorbereitung vor dem Hetzspiel.

Nach dem Hetzspiel würde ich ebenfalls noch etwas mit dem Hund tun, was mit einer „Konzentrationsphase“ beschrieben werden könnte. Eine abschließende Suche oder das mehrfache Fangen des Futterbeutels (Beute packen) helfen dem Hund, wieder zu sich zu kommen, die Adrenalinausausschüttung zu reduzieren und beugen dem „Junkie“ vor. Ich erlebe es sehr oft, dass Hunde in fremder Umgebung nach aufregender, ersatzjagdlicher Beschäftigung nicht fressen können. Besonders Vorsteh- und Stöberhunde sind Opfer ihrer Sensibilität und brauchen eine „Cool-down“-Phase und sehr viel durch ihre Menschen vermittelte Sicherheit, um in neuen Situationen und Umgebungen fressen zu können. Die gehetzte Beute ist zahlreichen Hunden viel wertvoller als anderes, da sie sehr viel Einsatz zeigen mussten, um sie zu erhaschen.

Ein liegender Futterbeutel kann zwar auch eine Herausforderung darstellen, je nachdem wo er liegt, aber besonders Solitärjäger wie Terrier und Dackel tun sich häufig schwer mit der Abgabe des gehetzten „Wildes“. Auch hier gilt: Der Hund darf den Augenblick der bewältigten Aufgabe auskosten!

Wer in diesem Sommer die Fußball-Weltmeisterschaft gesehen hat, kann sich vielleicht daran erinnern, wie jeder Spieler der deutschen Nationalmannschaft mal dem Weltmeisterpokal halten wollte. Im Sport werden Ehrenrunden gelaufen

*Der Futterbeutel ist ein guter „Mausersatz“.*

und wir genießen den Augenblick des Triumphes. So geht es auch den Hunden. Ihre Leistung darf gewürdigt werden, sie dürfen gern mal eine Ehrenrunde laufen und sich gut dabei fühlen. Wenn sich der Hund trotzdem als Teil seines Teams fühlt und der Mensch sich für seinen Hund freuen kann, dann entwickelt man sicher die Geduld, um auf die Abgabe in Ruhe und Entspanntheit (siehe auch „Apportieren“) hin zu arbeiten.

In einem realen jagdlichen Geschehen wird sich die gestellte und getötete Beute nach der Hetzjagd nicht wieder erheben und davon springen, um erneut gefangen zu werden. Ich empfehle daher, zwischen zwei Durchgängen Hetzjagdspiel noch einmal suchen zu lassen oder etwas anderes in die Beschäftigung einzubauen. Der Hund darf hetzen, aber sein Geist sollte dabei wach bleiben und ansprechbar. Ein Hund, der hetzt und hetzt und hetzt und nichts anderes zwischendrin tun kann und mag, ist ebenso ein Junkie wie der ballgescheuchte Hund. Das sollten wir unseren Gefährten ersparen.

Ein Wildtier springt selten in mannshohen Sprüngen von einer Seite zur anderen. Der Beutel an der Hetzangel kann in leichten, kleinen Hüpfern bewegt werden wie ein Kaninchen, das ahnungslos von Grashalm zu Grashalm hüpft und anschließend in wildem Zickzack flüchtet. Ebenso ist es für die Hunde realistischer, wenn eine Beute an der Angel beschleunigt wird, sozusagen „davonzischt“ und nach einem Haken wieder abbremst. Wer Grasfresser bei der Flucht beobachtet, wird feststellen, das grundsätzlich nur so viel Kraft aufgewendet wird, wie unbedingt nötig, um das Leben zu retten. Erkennt ein Pflanzenfresser, dass der Fleischfresser sich für ein anderes Tier der Herde entschieden hat, wird sehr schnell weiter gegrast. Dem einen ist meist eh nicht zu helfen.

Eine Ausnahme davon machen große Pflanzenfresser wie Büffel, Rinder und Bisons, die sich zur Wehr setzen. So ist auch die körperliche Robustheit, der Mut und häufige Kompromisslosigkeit der Hundetypen zu erklären, die Kühe treiben sollten. Sehr viele Hunde würden sich an die gehörnten Kraftpakete nicht herantrauen. Unsere nachgestellte Hetzjagd ist jedoch eher mit der Kaninchenjagd zu vergleichen und daher auch für die kleinen Solitärjäger bestens geeignet – und für den „Großwildjäger“ eine Ergänzung zu anderer Beschäftigung.

Für Hunde, die am Vieh arbeiten, bietet sich auch die Beschäftigung mit der „Treibangel“ an. Dabei hängt kein Futterbeutel an der Angel, sondern ein Treibball wird so daran befestigt, dass sich das „Ersatzschaf“ wie ein echtes Schaf vom Hund weg bewegen kann, indem ich die Angel bediene. Wenn der Hund das Schaf umkreist und in die richtige Richtung durch Umkreisen getrieben hat, wird der Ball von der Angel ausgeklinkt und kann als freier Ball weiter durch Anstupsen getrieben werden (siehe „Treibball“).

## Wasserarbeit

Es gibt etliche Rassen wie die unterschiedlichen Retriever, Neufundländer oder Wasserhunde, die speziell für die Arbeit im Wasser gezüchtet wurden. Das Apportieren von Wild oder Gegenständen aus dem Wasser ist für sie die größte Leidenschaft und ihre Halter müssen stets darauf bedacht sein, einen ungeplanten Spurt ins vielversprechende Nass zu verhindern.

Einige andere Rassen tun sich mit dem nassen Element eher schwer. Aber auch Hunde, die nicht explizit für die Arbeit im Wasser gezüchtet wurden, können eine wahre Wasserleidenschaft entwickeln. Einige sehr kurzfellige oder extrem langfellige Hunde meiden allerdings das Nass, da sie entweder leicht frieren oder sich ihr Fell so vollsaugt, dass sie beängstigend schwer im Wasser werden.

Entscheidend für die Beschäftigung im und am Wasser ist ebenso wie bei allen anderen Jobs für unsere Hunde, dass wir auf das angestammte Wild vor Ort Rücksicht nehmen. Brütende Wasservögel häufig aufzuscheuchen, führt oft zu verlassenen Gelegen. Es ist daher zu empfehlen, Badestellen für Hunde aufzusuchen, die offensichtlich häufig frequentiert werden und das Wild der Umgebung

*Mit Korken gefüllte Futterbeutel gehen nicht unter und können aus dem Wasser apportiert werden.*

sich darauf einstellen kann, diese Orte zu meiden. Zudem sollte es selbstverständlich sein, dass ich meinem Hund gestatte, sich langsam ins Wasser vorzutasten, sollte er nicht zu den leidenschaftlichen Schwimmern gehören.

Das Apportieren aus dem Wasser kann ich ebenso anspruchsvoll wie an Land gestalten. Mehrere mit Korken gefüllte Futterbeutel geben wunderbare Ersatz-Enten ab und ich kann mit Stopps im Wasser, Richtungswechseln und einem Dummy an einer Hetzangel, die ich im Flachwasser bediene, eine abwechslungsreiche Ersatzjagd anbieten.

## WENN DAS FELL NICHT WASSERABWEISEND IST

*Auch Hundetypen, die sehr viel Fell haben, ohne dass sie das Wasser abweisende Unterfell eines Neufundländers oder Landseers besitzen, können Freude an Wasserarbeit entwickeln. Einige Hütehunde oder Herdenschutzhunde haben sehr viel wenig wassertaugliches Fell, benötigen aber bei warmen Temperaturen ebenso eine Abkühlung wie andere langfellige Hunde auch. Man sollte dann darauf achten, dass diese Hunde im Wasser stehen können.*

Wasser abweisendes Fell erkenne ich sehr gut daran, dass Regen „abperlt“ und Wasser sofort strömend aus dem Fell läuft, sobald der Hund aus dem Tümpel steigt. Nicht Wasser abweisendes Fell hängt wie in Platten am Körper und tropft zwar, der Hund muss sich aber extrem schütteln, um auch nur einen kleinen Teil der Wassermenge loszuwerden. Wasser abweisendes Fell ist von einer Fettschicht umgeben, glänzt oder fühlt sich leicht tranig an. Das Wasser perlt an den einzelnen Haaren ab. Ein Fell, das eher „staubig“ aussieht, saugt sich voll und wird schwer.

Mithilfe der Angel kann ich auch Hunden im Wasser helfen, die sich nicht trauen zu schwimmen. Wenn sie das Hetzangelspiel an Land kennen und ich damit im flachen Wasser beginne, kann ich die Angel in Bögen auch in tieferes Gewässer lenken. Wenn mein Hund der Angel folgt und zu schwimmen beginnt, ist es wichtig, ihn im Bogen zu leiten, damit er nicht versucht rückwärts aus dem Wasser zu kommen. Denn dabei geht jeder Hund unter und nur wer vorwärts weiterschwimmt, kommt ohne Wasser in den Ohren an Land.

Wenn Mensch und Hund gemeinsam schwimmen, erlebe ich es oft, dass sich die Hunde um ihre Menschen extreme Sorgen machen und versuchen zu diesen zu gelangen, um sie zu „retten“. Das gibt meist Kratzer und blaue Flecken

*Das Hetzspiel im Wasser ersetzt die Jagd auf Wasservögel.*

für den rettungsunwilligen Hundehalter. Die erste Übung für das gemeinsame Schwimmen sollte also sein, allein zu schwimmen, und der Hund erträgt dies entspannt und unbesorgt. Ist das noch nicht möglich, sollte ich vorübergehend von meinen Plänen absehen und meinem Hund die Sorge um meine Schwimmfähigkeiten nehmen. Ebenso sollte ich mit meinem Hund üben, dass ich erst die Ersatzbeute ins Wasser werfen kann oder die Angel im Wasser bewege, bevor mein Hund durchstartet. Auch bei der Wasserarbeit erfolgt die Freigabe durch den Menschen nach Blickkontakt (siehe „Distanzkontrolle").

## Treibball

Hüte-, Treib- und auch Herdenschutzhunde sind Spezialisten, die am Vieh arbeiten. Ihr Verhalten stellt unterschiedliche Teile der Jagd auf Großwild dar und wird von einigen Menschen fälschlicherweise als „Hütetrieb" bezeichnet. Das Umkreisen, Zusammentreiben und Selektieren von Schafen entstammt ebenso dem Jagdverhalten, so wie das Abschirmen und Schützen der Beutetiere gegenüber Fremden nicht aus Liebe zum Schaf, sondern aus Liebe zur Beute geschieht. Jeder Hund weiß, dass Rinder, Schafe und Ziegen Pflanzenfresser sind und somit Beutetiere.

*Das Hüten von Schafen oder Treiben von Gymnastikbällen stellt eine Teilsequenz des Jagdverhaltens dar: Selektieren oder Zusammentreiben von Beutetieren.*

Beim Treibball wird den Hunden ermöglicht, bestimmte Verhaltensweisen aus diesem Repertoire unter Einflussnahme des Menschen zu zeigen. Bis zu acht Gymnastikbälle werden von den Hunden mittels Anstupsen in Richtung eines Tores getrieben, in dem der Mensch steht und mit akustischen Signalen (wie ein Schäfer) den Hund lenkt. Es gibt eine Turnierform von Treibball, in der die acht Bälle wie bei einem Billardspiel ausgerichtet werden und auf eine ganz bestimmt Weise in einem begrenzten Feld getrieben werden sollen. Mit ein bisschen Fantasie lässt sich dies aber spannend für den Hund mit immer neuen Herausforderungen abwandeln.

Bälle können auf einer (dornenfreien) Fläche versteckt werden; ich kann zwei Gatter aufbauen, in welche die Bälle auf meine Anweisung hin „getrieben“ werden müssen usw.

Grundsätzlich starte ich jedoch damit, dem Hund zu erklären, dass die Bälle angestupst und nicht totgebissen werden. Dafür zeige ich meinem Hund mit der Hand, wie die Bälle in der unteren Hälfte angestupst werden, und tabuisiere, indem ich die Hand auf den Ball lege, jeden Übergriff meines Hundes von oben. Wenn mein Hund mich beim Stupsen des Balls unterstützen möchte, darf er dies gern tun und ich gebe ihm ein regelmäßiges akustisches Signal wie zum Beispiel „Push“, damit er sich längerfristig an meiner Stimme hinter einem großen Ball orientieren kann.

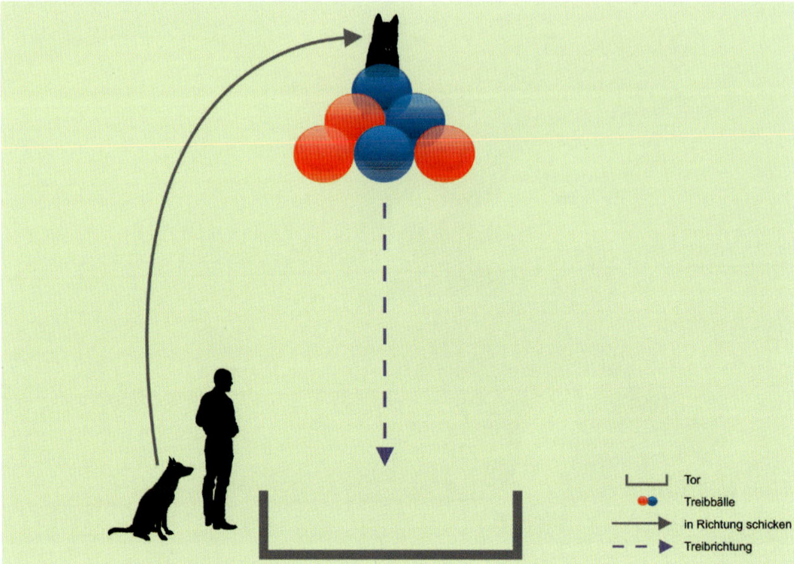


*Der Hund wird zum Anstoß hinter die Bälle geschickt. Auf Signal werden die Bälle nacheinander in das Tor getrieben.*

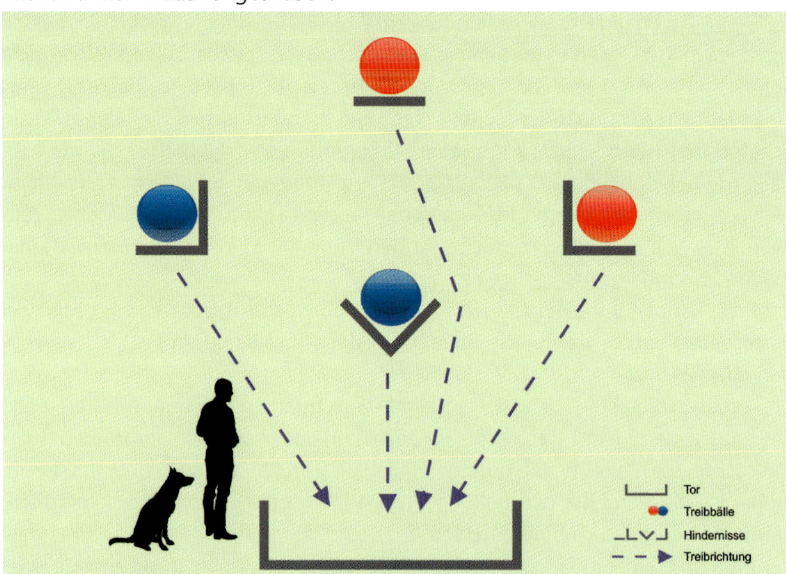


*Suchen und Auffinden der Treibbälle hinter Hinternissen und anschließendes Treiben der Bälle zum Tor*

Wenn ich gemeinsam mit meinem Hund den Ball anstupse und er beginnt, den Ball zu umkreisen, bewege ich mich rückwärts von dem Ball fort, um zu ermöglichen, dass er ihn auf mich zutreibt. Die meisten Hunde zeigen sehr schnell die Tendenz die Ersatzbeute ihrem Menschen zuzutreiben – vorausgesetzt, sie empfinden sich als Team mit dem Menschen.

Die richtige Treibtechnik wird durch Ausprobieren und beispielsweise im Gelände aufgestellte gewinkelte Wände oder Zäune erreicht. Um den Ball an diesen Winkeln weiter treiben zu können, muss der Hund die Treibrichtung ändern und lernt so, dass er die Richtung durch den Punkt, an dem er den Ball anstupst, beeinflussen kann. Im Training kann ich im Bereich Distanzkontrolle viel üben: Ein Ballwechsel beim Treiben, den Hund hinter die Bälle zu schicken, um „anstoßen" zu können, ihn an mehreren Bällen vorbei zu schicken, bedeutet schon die hohe Schule der Erziehung und Kommunikation. Es fällt den Hunden unterschiedlich leicht (oder schwer), dies mit ihrem Menschen zu erlernen, und auch der Hundehalter wird gefordert.

Wenn ich meinen Hund aus einer Position zu einem Ball, der von mir aus gesehen rechts von ihm liegt, schicken möchte, muss ich darüber nachdenken, ob mein rechts auch das „Hunderechts" ist. Steht er mir gegenüber, ist es für ihn links. Hunde sind aber tatsächlich in der Lage, rechts und links zu unterscheiden. Am besten geht dies (wie bei den Schäfern) mit einem Pfeifensignal.

*Eine besondere Herausforderung ist das Treibballspiel im Wasser. Für diese Kräfte zehrende Aufgabe sollte der Hund eine Schwimmweste tragen.*

Eine Pfeife für Treibball kann man bei der Natural Dogmanship Zentrale (www.natural-dogmanship.de) bestellen. Sie verfügt über mehrere Tonhöhen und Kombinationsmöglichkeiten. Eine „normale" Hundepfeife ist hierfür nicht geeignet.

Ich erlebe es sehr häufig, dass Teilnehmer von Treibball-Seminaren bereits zu Hause das Treiben mittels Leckerchen und Clicker versucht haben aufzubauen. Leider stellt sich dies meist als nicht wirklich erfolgreich heraus, weil die Hunde nicht um des Treibens willen, also aus Freude, mit den Bällen arbeiten, sondern weil sie dafür ein Leckerchen haben wollen. Wenn mein Hund seine Handlung abbricht und zu mir zurückkommt, wenn ich ihm begeistert ein „Super" oder „Fein" entgegenträllere, dann weiß ich, dass ich ihm die Freude am Tun mit den Leckerchen abtrainiert habe. Diese Hunde schaffen es auch nicht, sich während des Treibens wirklich außer Reichweite des Menschen zu bewegen, da sie nicht schnell genug bei der Hand sind, die sie (ver-)füttert.

## TREIBBALL IST KEIN BÄLLCHENSPIEL

*Ich kann allen Treibball-Interessierten nur empfehlen, diese Form des Jagdersatzes als das zu sehen, was es ist: eine hochspezialisierte Form der Ersatzjagd – kein Bällchenspiel und schon gar kein Hundesport. Es gibt ausreichend Hundeschulen mit ausgebildeten Treibballtrainern, die diesen Namen verdienen.*

Nicht nur Hüte-, Treib- und Herdenschutzhunde interessieren sich für Treibball, auch andere „Großwildjäger" können daran Freude finden. Für uns kaum nachvollziehbar ist dabei die große körperliche Herausforderung, die Treibball an die Hunde stellt.

Ein Turnierdurchgang geht nur 15 Minuten, da die Tiere dann extrem erschöpft sind. Schafe würden dem Hund aktiv ausweichen, der Ball muss jedoch vom Hund durch vielzählige Berührungen aus mehreren Richtungen bewegt werden, sodass das Treiben körperlich anstrengender als das Schafehüten ist.

Die Komplexität der Aktivität, die Koordination von Körper und Geist und die Anstrengung beim Treiben machen es auch für körperlich sehr robuste Hunde zu einer wunderbaren Jagdersatzbeschäftigung.

Bestimmte Hundetypen finden keinen Gefallen an Treibball, sie würden eine Beute nicht stellen, sie nicht umkreisen, sondern nur auffinden und anzeigen oder deren Geruch verfolgen. Vorsteh- und Stöberhunde, Bracken und Meutehunde und die meisten Hunde vom Urtyp und Allrounder sind daher für Treibball eher nicht zu begeistern.

# Aufbau von Jagdkontrolle

In den folgenden Kapiteln möchte ich beschreiben, wie wir mit unserem Hund und nicht gegen ihn das gemeinsame Erleben außerhalb von Haus und Garten gestalten können und gleichzeitig sicherstellen, dass dies nicht auf Kosten der Mitwelt geschieht. Jagdkontrolle bedeutet nicht nur, dass mein Hund lernen kann, dass nicht Rehe und anderes Wild das auserkorene Ziel aller jagdlichen Leidenschaften sein müssen, sondern auch, dass bewegte Reize im Allgemeinen wie beispielsweise Jogger und interessante Gerüche nicht verfolgt werden dürfen. Hierzu bedarf es zum einen ein hohes Maß an erlernter Selbstkontrolle und zum anderen eine ansprechende Alternative.

Wie immer beginnt die Hundeerziehung auch in diesem Fall bei uns selbst. Solange mein Hund lernen darf, dass wir Menschen entscheiden, was wann gejagt wird, und nicht der Hund im Affekt seinen spontanen Eingebungen folgt, ist es vonnöten, reizstarke Gebiete oder solche, in denen bereits Jagderfahrungen gemacht wurden, zu meiden und erst im Verlauf des alltäglichen Trainings wieder in den Aktionsradius mit einzubeziehen.

Das kann bedeuten, dass ich für die tägliche gemeinsame Aktion mit meinem Hund erst einmal die Felder hinter dem Haus meiden und mich mit meinem Auto an einen nicht sehr freizeitträchtigen Ort wie einen leeren Parkplatz begeben muss. Nur wenn ich als Mensch bereit bin, meinem Hund anhand meiner Taten zu erklären, dass wir gemeinsam etwas verändern werden, kann ich von meinem Hund erwarten, dass er mir hierbei geistig folgt. Halte ich meinen Hund, um nette Spaziergänge in lauschiger Umgebung zu machen, und bin nicht bereit, darauf vorübergehend zu verzichten, dann hilft die beste Theorie zum Umgang mit Jagdverhalten nichts. Wenn wir uns ernsthaft überlegen, was wir unseren Hunden in unserem Alltag an Anpassung, Rücksicht, Duldsamkeit und Verzicht auferlegen, dann sollten wir bereit sein, uns auch einmal in diesen Tugenden zu üben.

Ein zufriedener Hund, der ersatzjagdlich ausgelastet ist, der mich auch an die See begleiten kann, ohne beim Anblick der Möwen in hysterisches Gekreische und Ausbruchsversuche zu verfallen, der mir auf Wanderungen in dem Vertrauen auf sinnvolle Beschäftigung im Verlauf des gemeinsamen Ausflugs folgt, ist das Engagement allemal wert.

Wir wollen in unserem Hund die positive Erwartung in uns stärken. Unser Hund darf darauf vertrauen, dass wir ihm eine artgerechte Auslastung anbieten. Entscheidend hierbei ist, dass wir uns nicht zum nimmermüden Hundeanimateur machen, der seinen Hund durch Ersatzhandlungen von seiner wahren Leidenschaft abhält. Es geht nicht um Ablenkung, sondern darum, bei Mensch und Hund zu gemeinsamen Einsichten zu gelangen: Wir machen etwas gemeinsam,

Der Dummy wird ruhig ausgelegt, während der Hund wartet.

Der Mensch geht zurück zum Hund, während er die Leine wieder einholt.

Der Hund fragt durch Blickkontakt, ob er zum Apportieren starten darf.

*Der Hund wird zum Apportieren geschickt.*

*Der Hund darf den Dummy einen Moment tragen und seinen Erfolg genießen.*

*Der Dummy wird in die Hand des Menschen abgegeben.*

was uns beiden Spaß macht. Und dabei vergessen wir niemals, dass ein Wolf nicht hysterisch wird wie ein Balljunkie, wenn er Wild sieht oder riecht, sondern seinen Kopf dazu nutzt, strategisch mit seiner sozialen Gruppe vorzugehen.

Wenn wir es schaffen, unsere Hunde zu Strategen zu machen, die ihren Kopf nicht ausschalten, die nicht hysterisch werden, sondern Freude, Begeisterung und Euphorie in gemeinsamer Aktion mit uns empfinden, dann ist Jagdkontrolle eigentlich ganz leicht.

## Ersatzjagdliche Beschäftigung

Auf den vorhergegangenen Seiten ist immer wieder der Futterbeutel erwähnt worden. Die meisten Hundehalter kennen bereits die Beschäftigung ihres Hundes mit dem Futterbeutel, auch Preydummy® genannt. In diversen Hundeschulen gibt es hierzu Kurse, im Fernsehen wird diese „Trainingsmethode" als artgerechte Beschäftigung für Hunde angeboten und es gibt selten Hunde, die nicht auf die eine oder andere Art Spaß an dem Apportieren oder Suchen des Beutelchens mit Leckerchen entwickeln.

Doch Beutelchen und Leckerchen sind kein Job fürs Leben, sondern ein kindliches Spiel, eine lustige Bereicherung des Alltags. Es entspricht dem menschlichen Gefühl, den Hund versorgen, ihm Gutes angedeihen lassen zu wollen, wenn ich nach jedem „Bring" das Beutelchen öffnen kann, ein Leckerchen entnehme und dem Hundchen dieses aus meiner Hand essen lasse.

Ich freue mich sehr darüber, dass sich offensichtlich in der Hundeerziehung die Einsicht durchsetzt, dass man Hunde besser mit einem Angebot als mit der Androhung und Ausführung von Strafen erziehen sollte, und ich bin erleichtert darüber, dass auch im Fernsehen überwiegend diese Art von positiven „Input" gezeigt wird und die „Wurfschellen"- und „Wasserpistolen"-Erziehung immer weniger Anhänger findet.

Betrachtet man diese Form der positiven Verstärkung jedoch aus Sicht des Hundes, dann entstehen gleich mehrere Fragen, mit deren Beantwortung wir uns ernsthaft beschäftigen sollten.

Die erste Frage betrifft nicht nur die ersatzjagdliche Erziehung meines Hundes, sondern die gesamte Mensch-Hund-Beziehung. Glauben wir allen Ernstes daran, dass Hunde Leckerchen von ihren Hundeeltern bekommen, um etwas zu lernen? Bezweifeln wir, dass Hundeeltern die besten Hundelehrer sind und Hunde am einfachsten von Hunden lernen können?

Warum lernen Hunde also? Warum lernen wir Menschen? Weil wir lernen wollen, weil wir unsere Fertigkeiten und Kompetenzen entwickeln wollen, weil wir neugierig und wissbegierig sind, weil wir uns verwirklichen wollen, weil wir Teil der Gesellschaft sein wollen, in der wir leben, weil wir Freude daran haben, neue Aufgaben zu bewältigen.

Warum passen Mensch und Hund so gut zusammen? Weil wir uns so ähnlich sind! Wenn ein Hund von seinen Hundeeltern lernt, dann lernt er im ersten halben Jahr die gesamte Kommunikation, die nötig ist, um sich sinnvoll in die gemeinsamen Aktivitäten, zum Beispiel die Jagd, einbringen zu können. Was bekommt er dafür? Er wird ein anerkanntes Mitglied der Gemeinschaft, findet seinen Platz, seine Aufgaben und erlebt Freude im Miteinander, Geborgenheit, Zufriedenheit. Er lernt seine Grenzen und seine Möglichkeiten kennen – und das ohne ein einziges Leckerchen.

Hunde füttern nur Welpen aus dem Maul nach vorhergehendem ritualisiertem Bettelverhalten. Sobald ein Welpe genügend Zähne hat, um ausreichend kauen zu können, frisst er Fleisch, das ihm zwar von den Eltern mitgebracht, aber niemals aus dem Maul gegeben wird. Selbst der rangniedrigste Hund verteidigt sein Futter gegen andere und nur, wenn nicht ausreichend Futter zur Verfügung steht, wird es ihm streitig gemacht.

Ist ein Hund satt, lässt er sein Fressen liegen und damit ist es freigegeben zur Vertilgung durch jemand anderen. Unsere „Handfütterung“ mit Leckerchen

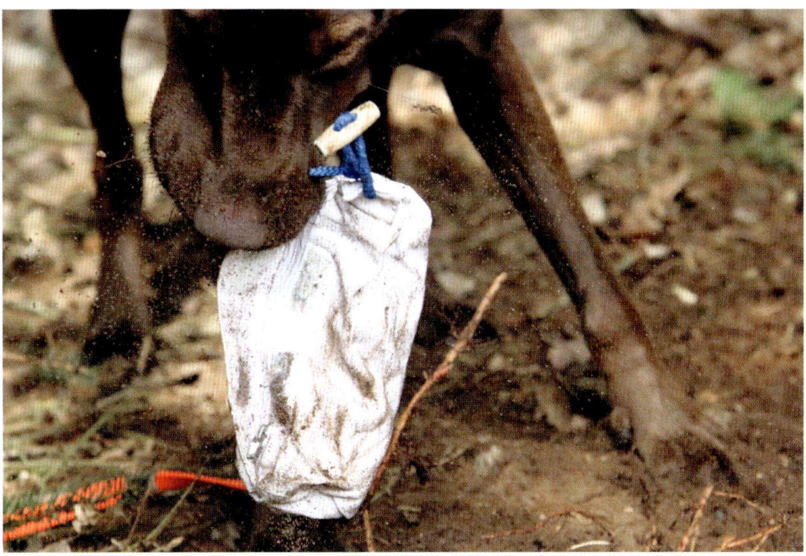

*Hier werden statt Mäusen oder Kaninchen Futterbeutel ausgegraben.*

aus dem Beutelchen ist zutiefst unhündisch. Es ist eine menschliche Geste, die aus dem Bedürfnis entspringt, Liebe zu zeigen. Ist es sinnvoll, Kindern Liebe und Anerkennung durch Schokolade oder Geldscheine zu demonstrieren? Das wäre armselig. Und es stellt sich die Frage, warum ein Individuum etwas tut: Für den Handlungsinhalt oder für die Bezahlung? Wenn die Bezahlung der Motor einer Handlung ist, dann wird die Handlung selbst unwichtig und zum Mittel, um die Bezahlung zu erreichen.

Und daraus ergibt sich die zweite Frage. Reh oder Leckerchen? Euphorisierende Jagd oder Apportierspielchen? Jeder halbwegs normal veranlagte Hund entscheidet: Reh! Auch ohne sichere Aussicht auf Erfolg. Natürlich gibt es Hunde, die sich nicht trauen, dem Reh zu folgen, die lieber Mäuschen ausbuddeln, Vögel oder Jogger scheuchen, Schafe hüten, nach Insekten schnappen, Kindern den Fußball abjagen oder anderen Hunden den Ball klauen. Auch das ist Jagd und Ausdruck eines Bedürfnisses. Da hilft auch kein Leckerchen aus Beutelchen.

Da hilft aber, Futterbeutel zu jagen. Ernsthaft suchen, hetzen, fangen, schütteln, apportieren, ausgraben, aus dem Baum am Schnürchen herunterziehen, Hindernisse (zum Beispiel Autoreifen) beiseite räumen, um an den Beutel zu kommen, anschleichen auf den bewegten Futterbeutel (Reizangel), hinterherschwimmen und die Futterbeutel-Ente an Land bringen, Kiloschwere Beute (PET-Flaschen in XXXL-Dummys) statt Hase schleppen ... und am Ende, egal ob nach 10 Minuten oder zwei Stunden, die ganze Mahlzeit essen mit dem Gefühl, gemeinsam einen echt guten Job gemacht zu haben.

Hunde entwickeln Ehrgeiz, können Stolz auf Geleistetes empfinden und zeigen, können Lösungsstrategien entwickeln, strahlen vor Freude, wenn wir ihnen zutrauen etwas zu schaffen, ihren Fähigkeiten Vertrauen schenken und ihnen helfen, weitere neue Fertigkeiten, die für ihr Leben wichtig sind, zu entwickeln. Das ist ersatzjagdliche Beschäftigung (EJB). Sie fordert, fördert und endet mit Stolz und einem gut gefüllten Magen, damit der Organismus in den „Pause-Modus“ wechseln kann – für eine gesunde Verdauung, eine entspannte Psyche, für Zufriedenheit und Lebensfreude. Natürlich muss sich die EJB an die Bedürfnisse des Hundes anpassen.

Ein Solitärjäger freut sich über Ausgrabungsparcours mit vergrabenen Futterbeuteln, versenkten Stücken Regenrohr, in denen Dummys versteckt sind, umgedrehte Klappkisten zur Hälfte im Boden versenkt, in denen sich Beutel finden lassen und unter die man sich graben darf. Dazu gehört vielleicht eine ausrangierte Kindersandkiste, eine „Buddelecke“ im Garten oder eine sandige Ecke in der Umgebung.

Die körperliche Geschicklichkeit sollte man besonders bei den großen Hunden von klein auf fördern, ihnen Herausforderungen bereiten, die sie stolz machen. Über Autoreifen zu klettern, über am Boden liegende Paletten zu steigen oder unter Stühlen hindurch zu robben, um dahinter eine Angel mit Futterbeutel für eine Hetzjagd zu finden, schult die Koordination und bietet Anspruch und Ersatzjagd.

Ich muss nicht jeden Tag die größten Herausforderungen für meinen Hund schaffen. Auch die Suche mehrerer Futterbeutel im Garten kann eine schöne Aufgabe sein. Dabei ist es jedoch wichtig, den jagdlichen Spannungsbogen nachzustellen: Spannungsaufbau beim Warten, während die Beutel versteckt werden, Öffnen der Terrassentür, Herausrufen des Hundes, Blickkontakt (Frage) abwarten und Losschicken mit eigenem Spannungsaufbau (siehe „Jagdliche Kommunikation“) und Freigabe der Suche. Der eigenen Fantasie sind keine Grenzen gesetzt.

Es ist sinnvoll, die unterschiedlichen Formen der EJB zu kombinieren, auch wenn fast jeder Hund seine besondere Leidenschaft entwickelt. Es bereichert jedoch die Erlebniswelt unserer vierbeinigen Partner, wenn sie immer wieder neue Fähigkeiten entwickeln dürfen.

Mein Ridgeback-Rüde treibt auch ein paar Bälle übers Feld. Er entwickelt dafür zwar nicht die gleiche Begeisterung wie für eine schwere Suchaufgabe, ist aber mächtig stolz, wenn er einen Ball ins Tor getrieben hat. Meine Ridgeback-Hündin würde mir für so eine Aufgabe einen Vogel zeigen, den wir statt des Balles jagen könnten, freut sich aber sehr, wenn ihre Geschicklichkeit beim Balancieren oder Klettern gefragt ist. Wir verbinden Aufgaben aus dem Agility, ohne Zeitdruck, mit dem jagdlichen Aspekt.

Hunde sollen das tun dürfen, was ihnen Freude macht und was ihrer eigenen Motivation entspricht. Dabei kann ich insofern Hilfestellung geben, als dass ich ihnen mittels neuer Angebote neue Fähigkeiten vermittele. Bei allen gemeinsamen Beschäftigungen stelle ich als Mensch jedoch die Spielregeln auf. Wir jagen gemeinsam, aber ich entscheide was, wann und wie.

## Jagdliche Kommunikation

Die gute Nachricht ist, dass Jagd auch mit Kommunikation einhergeht. Das bedeutet, dass wir erreichen, dass Hunde theoretisch für Signale auch während der Jagd empfänglich sind. Die schlechte Nachricht ist, dass es für die meisten Hunde feststeht, dass wir zu jagdlicher Kommunikation nicht in der Lage sind. Woran liegt das?

Wir reden zu viel. Und wir sind uns unseres Körpers nicht bewusst genug, wir setzen unsere Körpersprache nur ungenügend ein und Hunde sind da unglaublich viel kompetenter als wir. Würden wir alle tatsächlich Jäger sein, dann wäre

*Im Spiel werden jagdliche Fertigkeiten trainiert. Der Australian Shepherd versucht dem Mischling den Stock abzujagen.*

uns vollkommen klar, dass man auf dem Hochsitz in der Morgendämmerung nicht lautstark über das neue Auto plauscht, sondern versucht, möglichst kein Geräusch zu machen, um das Wild nicht zu verscheuchen. Auch Angeln ist ein stiller Sport, denn das Gerede am Ufer vertreibt die Fische.

Will ich Kommunikation, sollte ich mir eine nicht jagdliche Beschäftigung suchen. Auch beim Mannschaftssport wird nicht geredet, sondern über die Jagd nach Toren oder Punkten kommuniziert. Wie oft hört man bei Fußballübertragungen die Torwarte übers Spielfeld brüllen. Woran liegt das? Sie haben von hinten die Übersicht über den Platz und können die Bewegungen der gegnerischen Mannschaft erkennen und so Anweisungen an ihre Vordermänner geben. Das bedeutet, dass es zusätzlich zu der jedem Spieler bekannten Spielstrategie eine situationsangepasste Kommunikation gibt, die sich an den Aktionen der Gegenspieler orientiert.

Nicht anders stellt es sich bei den in Gruppen jagenden Beutegreifern dar. Es gibt eine Strategie, die sich an den Fähigkeiten des Individuums orientiert, und eine situative Kommunikation, die sich während der Jagd am Wild orientiert. Die Gruppe ist auf der Suche nach potenzieller Beute: Da wird nicht ausgeschert und mal hier markiert, mal dort ein Grashalm gefressen oder gespielt, sondern alle bewegen sich unauffällig, im Einklang miteinander. Wird dann Beute gesichtet, rennen nicht alle blindlings los, sondern die Spannung der Gruppe verändert sich. Die einzelnen Tiere haben plötzlich maximale Körperspannung, sie scheinen zu vibrieren.

Eventuell wird sich vor der Hetze auf die Beute angeschlichen und durch Bewegungs- und Blickrichtung, durch die Rutenhaltung, die Bewegung der Ohren, den fixierenden Blick angezeigt, welches der Beutetiere einer Gruppe zur Hetze ausgewählt wird. Körper und Blick bezeichnen die Beute.

Die meisten von uns haben sicher einmal einen Beitrag im Fernsehen über jagende Löwen gesehen und die Dynamik dieser sonst doch recht gemütlich erscheinenden Tiere wahrgenommen. Uns ist bekannt, dass die männlichen Löwen meist erst zum Einsatz kommen, wenn ein großes Beutetier „gegriffen" und getötet wird. Der Sprung auf die Beute, dass Umreißen und Töten schaffen nur die stärksten Tiere und das sind bei den Löwen die Männchen.

Wenn Tiere (wie wir Menschen) in einer sozialen Gruppe jagen, benötigen sie feinste Abstimmung in extremer Situation. Das bedeutet, sie verfügen über eine ausgeprägte Konzentration während der Jagd. Das hat nichts mit der Hysterie eines Balljunkies oder eines geistig weggetretenen Hundes im Angesicht eines rennenden Kaninchens zu tun. Wir können selbst bis zu einem gewissen Grad dieses Ausdrucksvermögen erlernen und unsere Hunde damit in positives Erstaunen versetzen, da sie von uns so feine Kommunikation nicht erwarten.

## Körperspannung

Jeder sollte einmal ausprobieren, wie sein Hund reagiert, wenn er aus einer entspannten Körperhaltung in eine spannungsgeladene wechselt: Wenn man die Beinmuskeln anspannt, dabei ein bisschen in die Knie geht, die Schultern strafft und die Armmuskeln anspannt, wird unser Hund reagieren. Viele verstehen diese Gestik als Spielaufforderung, weil das leichte In-die-Knie-Gehen einen Vorderkörpertiefstand andeutet. Reiße ich dazu noch meine Augen auf und forme mit dem Mund ein „O", dann gesellt sich zu meiner „Spielhaltung" auch noch ein Spielgesicht. Einige Hunde bekommen dann einen „Flitz", hüpfen um uns herum

### BEGEISTERUNG IST PFLICHT

*Wir dürfen von unseren Hunden nicht erwarten, dass sie begeistert auf unsere Beschäftigungsvorschläge eingehen, wenn wir uns bewegen, als wären wir auf dem Weg ins Bett. Sie wissen, dass wir mit unserem Vorschlag nur bluffen, da wir ja anscheinend selbst nicht sehr begeistert sind. Wenn wir durch die Gegend trödeln, ab und zu aus lockerer Hand einen Futterbeutel 3 Meter weit ins Gras werfen und ernsthaft daran glauben, dass dies Jagdersatz für unsere Begleiter sein soll, dann müssen unsere Hunde sich ernsthaft durch uns veräppelt fühlen.*

und werden albern. Nur die Veränderung der Körperspannung verursacht eine Stimmungsveränderung bei unserem Hund.

Ebenso kann ich auch in der EJB jagdliche Spannung vermitteln. Dabei spanne ich ebenso meine Muskeln an wie bei der Spielaufforderung, mache jedoch kein Spielgesicht. Hunde nehmen die Spannungsveränderung in den Muskeln sofort wahr. Sie gehört zu den kommunikativen Signalen, die sie alltäglich nutzen. Darin sind sie uns überlegen. Wir sollten uns dessen bewusst sein und diese Spannung gezielt einsetzen.

Die Veränderung der Körperspannung bringt für uns deutlich erweiterte Kommunikationsmöglichkeiten: Ich kann durch eine entspannte Körperhaltung mit entspannten Muskeln Entspannung vermitteln und Spannung durch Muskelspannung aufbauen. Gemeinsam unterwegs zu sein in entspanntem Schritt, kann meinem Hund Entspannung vermitteln, vorausgesetzt, er geht nicht an gespannter Leine. Sobald ich abrupt stehen bleibe und beispielsweise einen Futterbeutel ins Gebüsch werfe, mich dann mit Körperspannung meinem Hund zuwende und ihn zum Apportieren schicke, werde ich wahrscheinlich einen ambitionierten Hund an meiner Seite haben.

Reagiert mein Hund nicht auf Spannungsveränderungen meinerseits, dann ist es wahrscheinlich so, dass mein vierbeiniger Begleiter sich fragt, was für eine Krankheit ich nun wieder habe, da ich ja so seltsam verspannt wirke. Leider scheint er keine spannenden Angebote von mir zu erwarten. Aber das kann ich ändern. Wenn mein Hund kennenlernen darf, dass sich die gemeinsame Arbeit um das täglich Brot (Fleisch) dreht, kann er meine Bemühungen sicherlich nach

*Mensch und Hund haben das gleiche Ziel. Bewegungs- und Blickrichtung sind synchronisiert.*

kurzer Zeit schon deutlich ernster nehmen. Grundsätzlich sollte ich meinem Hund vermitteln, dass ich bei allem, was ich tue, einen Plan habe, damit er sich mir mit einem guten Gefühl anschließen kann und mag. Einen Plan zu haben bedeutet, dass ich weiß, wann und wie ich was tun möchte.

Ich kann mir beispielsweise vornehmen, mit meinem Hund 600 Meter zur nächsten großen Wiese zu gehen, ihn dort abzusetzen, fünf Futterbeutel zu verstecken, mich an eine andere Stelle zu positionieren, meinen Hund dorthin zu mir zu rufen, ihn zum Suchen zu schicken, nach der ersten Beutelabgabe wieder die Position zu verändern, von dort den Hund zur zweiten Suche zu schicken usw. Entscheidend dabei ist natürlich erstens, dass mein Hund an eben dieser Wiese frei warten kann und sich auf die Jagd nach Futterbeuteln konzentriert, und zweitens, dass ich vor jedem „Zur-Suche-Schicken" Körperspannung aufbaue, damit mein Hund die Suche ernst nehmen kann.

Ich kann mich auch schleichend, also betont langsam in leicht geduckter Haltung, voran bewegen, sodass mein Hund spürt, wie ernst mir die Jagd ist. Sollte ich das Gefühl haben, dass ich mich damit in der Öffentlichkeit der Lächerlichkeit preisgebe, dann sollte ich zumindest versuchen, Tempowechsel einzubauen und Körperspannung zu entwickeln, auch wenn ich dabei nicht „schleichen" mag.

Das Verstecken der Beutel oder das Weggehen vom Hund, um die Futterbeutel auszuwerfen, kann ich langsam tun, aber ich sollte Dynamik hineinbringen, also Tempo aufnehmen, wenn ich die Position wechsele. Tempowechsel, Spannungsveränderungen und eine sehr leise akustische Kommunikation erhöhen die Konzentration des Hundes.

Sollte mein Hund nicht in der Lage sein, mit mir auf einem offenen Feld zu arbeiten, dann sollte ich in einer Umgebung beginnen, in der sich der Hund konzentrieren kann, wie zum Beispiel im Garten. Ich kann dann später die bekannte Beschäftigung mit den von uns Menschen gemachten Regeln in unbekannte Situationen transferieren, sodass mein Hund in ablenkungsstarken Situationen Unterstützung durch die ihm vertraute und positiv belegte Arbeit mit uns findet.

Nicht selten erlebe ich in Unterrichtsstunden, dass Menschen sich ihres Körpers gar nicht bewusst sind. Das hat nichts mit Intelligenz zu tun, sondern sehr häufig damit, wie der Mensch mit seinem Körper umgeht. Auf die Frage, auf welchem Bein das Körpergewicht gerade hauptsächlich ruht, müssen viele Menschen erst einmal in sich hineinspüren, um das fühlen zu können. Manchmal sind wir sogar „außer uns", spüren uns gar nicht mehr und rauchen, essen, naschen, trinken, um uns wieder wahrzunehmen.

Auch Hunde können außer sich sein, wenn sie so von Cortisol überflutet sind, dass das Körpergefühl schwindet. Eigentlich dient dieses mangelnde Körpergefühl primär dazu, auch in stressgeladenen Situationen, beispielweise bei Schmer-

*Der Spannungsaufbau durch das Abwarten vor der Jagd gehört zu einer kompletten Jagdsequenz.*

zen, handlungsfähig zu bleiben. Die Körperenergien werden dort zusammengezogen, wo sie unbedingt gebraucht werden, zum Beispiel im Herzen. Bewusstes Anspannen der Muskulatur hilft uns, wieder ein Körpergefühl zu entwickeln. Bei Hunden kann ich durch Massage, sehr festes Streicheln oder der Gabe eines Kauartikels wieder Körpergefühl herstellen. Ich sollte mir jedoch überlegen, wie ich vorbeugen kann, dass mein Hund so gestresst wird, dass er sich selbst verliert.

Viele Hunde wälzen sich intensiv nach einer Beschäftigung. Das ist Spannungsabbau und hilft dem Hund, sein Gefühl für seinen Körper zu behalten. Ziel unserer Beschäftigung mit unserem Hund sollte sein, dass wir einen Spannungsaufbau und einen anschließenden Spannungsabbau initiieren. Der Spannungsaufbau, auch verursacht durch unsere eigene Muskelspannung, gehört zur Jagd, der Spannungsabbau zum anschließenden Fressen und Sozialverhalten. Das Sozialverhalten in Form von Streicheln, Massage oder Kontaktliegen gehört allerdings in die eigenen vier Wände. Hunde tun dies auch nur im Zentrum ihres Territoriums, wo sie sich sicher und geborgen fühlen.

Um Körperspannung bewusst einzusetzen, muss ich mir meines Körpers bewusst sein, ein Gefühl für meine Bewegungen entwickeln. Es ist vielleicht sinnvoll, Freunde oder Familie darum zu bitten, ein paar Fotos von mir und meinem Hund in Aktion zu machen, damit ich erfassen kann, was ich wie tue und was meinen Hund erreicht und was nicht. Die Veränderung in der Körperspannung von uns Menschen wirkt sich auch in vielen Situationen auf unseren Hund aus, in denen uns dies nicht bewusst ist.

Manchmal würde ein Hund ein Wildtier vielleicht gar nicht bemerken, weil der Wind aus der falschen Richtung kommt und wir einen viel größeren Weitblick haben und das Wild viel früher bemerkt haben. Unsere plötzlich angespannte Haltung macht unseren Begleiter aber aufmerksam und er bemerkt die potenzielle Beute.

Ganz klassisch ist die Spannungsübertragung in Situationen, in denen wir Angst haben oder schlechte Erfahrungen gemacht haben. Sehr häufig erzählen mir Menschen, dass Hundebegegnungen ein Problem sind, und ich bemerke dann sehr oft, dass der Mensch im Angesicht eines anderen Hundes sofort angespannt ist, die Leine kürzer genommen wird und sehr viel Spannung durch Körperanspannung vermittelt. Der Hund kann ja nicht wissen, dass wir wegen seines Verhaltens angespannt sind, und hat das Gefühl: Immer wenn wir andere treffen, ist mein Mensch angespannt. Er versucht im Rahmen seiner Möglichkeit den Menschen vor den anderen Hunden zu schützen.

Ebenso übertragen wir Spannung in jagdlichen Situationen und generellen Stresssituationen. Wir können jedoch versuchen, Körperspannung bewusst positiv einzusetzen, um die Aufmerksamkeit unserer Hunde zu erlangen, und andererseits die eigene Spannung überwinden, wenn wir angespannt sind.

Ich erinnere mich an eine Situation, als ich mit fünf Hunden Bus fahren wollte, der Busfahrer mir den Zugang verwehrte, weil der Bus zu voll war, und gerade als der Bus abfuhr, in dem ich ja nicht saß, begann ein Sturzregen und ich stand mit drei extrem kurzfelligen Hunden und zwei Puscheln an der Bushaltestelle. Die kurzfelligen quetschte ich zu den vielen anderen Leuten unter den Überstand des benachbarten Sonnenstudios, mit den Puscheln, die nass sicher auch nicht in den nächsten Bus gelassen worden wären, teilte ich meine Regenjacke und einen kleinen Schirm. Ich hätte kreischen können, war extrem genervt und konnte mich aber durch mehrmaliges tiefes Ein- und Ausatmen so weit entspannen, dass sich die Hunde auch entspannen konnten. Der nächste Bus war unserer und ich habe den Tierarzttermin geschafft, zu dem ich musste.

Letztendlich soll es hier aber ja um das Thema Jagd gehen und ich denke, wir sind uns einig, dass in jagdlichen Situationen, in denen mein Hund noch nicht entspannt bei mir bleiben kann, eine Leine an den Hund gehört. Die Körperspannung, die ich bei der ersatzjagdlichen Beschäftigung einsetze, kann ich umgekehrt, also mit Entspannung in einer stark jagdlich besetzten Situation einsetzen.

## Kommunikation mit der Leine

Wenn unser Hund unsere Körperspannung ständig visuell wahrnimmt, dann wird er diese Spannung noch verstärkt über die Leine spüren. Eine straffe Leine lässt unseren Hund fühlen, wo wir sind. Er muss sich nicht umdrehen oder sich an uns orientieren, da er uns durchgängig spüren kann. Eine Flexileine ist stets gespannt. Hunde lernen daran zu ziehen. Wenn ich erreichen möchte, dass mein Hund sich in einer jagdlichen Situation an mir orientiert, dann sollte also die Leine nicht straff sein. Besonders bei Ansicht von Wild sollte ich die Leine locker lassen, damit mein Hund sich wieder zu mir orientieren muss. Das klingt im Angesicht eines hysterisch in der Leine stehenden, schreienden Hundes absurd. Ist es aber nicht.

Grundsätzlich ist es empfehlenswert, einen Hund, den ich körperlich halten kann, mit einer 5-Meter-Leine auszustatten. Erblickt mein Hund also etwas, dass seine Aufmerksamkeit in 0,01 Sekunden zu 100 Prozent auf sich zieht, dann kann ich meinen Hund an der Stelle seiner Begierde stehen lassen, die Leine langsam ablassen und mich rückwärts von ihm weg bewegen. Am Ende der Leine strecke ich meinen Arm einmal kurz, um die Leine locker zu bekommen, und zupfe dann einmal daran. Bei einem kräftigeren Hund muss ich etwas stärker ziehen. Blickt sich mein Hund dann einmal um, wird er feststellen, dass ich ein ganzes Stück von ihm weg bin, und die Wahrscheinlichkeit, dass mein Hund sich wieder zu mir bewegt, ist größer, als wenn ich tapfer bei meinem hysterischen Begleiter verharre in der Hoffnung auf baldige Entspannung der Lage.

Ich sollte versuchen, mit meinem angeleinten Hund eine Distanz zum jagdlichen Reiz zu bekommen, in der er gerade noch in der Lage ist, sich mir wieder zuzuwenden. Für diese Fokusverschiebung weg vom Wild zurück zu mir biete ich dem Hund beispielsweise eine Hetzjagd mit Dummy am Schnürchen an, um Frustration abzubauen und den jagdlichen Affekt umzuleiten. Längerfristig wird mein Hund dann bereits auf die Veränderung meiner Position, also auf meine Spannungsveränderung und Distanzvergrößerung, reagieren und aufmerksamer sein, als wenn ich immer an einer 2-Meter-Leine mit ihm gehe und er mich durchgängig spürt und keine Kommunikation an der Leine stattfindet.

Das Ziel sollte ja sein, dass mein Hund sich irgendwann auch ohne Leine an mir orientiert. Das kann ich nur erreichen, wenn ich von der straffen Leine wegkomme und mein Hund lernen darf, dass ich in der Lage bin auch körperlich zu kommunizieren. Wenn mein Hund an der langen Leine gar nicht ansprechbar ist, versuche ich an der kurzen Leine durch Strecken des Arms und Zupfen an der Leine die Aufmerksamkeit meines Hundes zurückzubekommen. Geht auch dies nicht, dann halte ich meinen Hund und versuche zuallererst, die notwendige Distanz zum jagdlichen Reiz zu erreichen, um wieder eine Kommunikation zu erreichen.

Das Lockerlassen und Zupfen an der Leine stellt eine Spannungsveränderung dar, die mit der Körperspannung der Hunde vergleichbar ist. Es ist allerdings von entscheidender Wichtigkeit, dass ich mich ehrlich mit dem Verhalten meines Hundes an der Leine auseinandersetze. Es ist nicht fair, einen Hund in einer

*Das Tragen des Geschirrs und die straffe Leinenhaltung verhindern eine feine Kommunikation mittels der Leine.*

jagdlichen Situation mit der Kommunikation an der Leine bekannt zu machen, wenn er in einer reizarmen Situation auch nicht an lockerer Leine gehen kann.

Einige Hunde haben fast durchgängig eine sehr hohe Körperspannung. Ich erinnere mich noch sehr gut an die Aussage einer Kundin, dass Terrier ihre Rute nur aufgerichtet tragen könnten. Inzwischen lacht sie darüber, da auch ihr Terrier sehr froh darüber ist, inzwischen so entspannt zu sein, dass er die Rute auch mal hängen lassen kann. Generell ist es jedoch so, dass Terrier und einige andere Solitärjäger, zum Beispiel Schnauzer und Pinscher, eine sehr hohe Körperspannung haben. Das liegt an ihrer ständigen Bereitschaft, Kleinwild zu jagen. Sie lebten ursprünglich auf den Höfen der Bauern und jagten Mäuse, Ratten und andere Schädlinge. Nicht selten sieht man Solitärjäger und deren Verwandte aus dem Lager der Gesellschaftshunde, die beim geringsten Anlass zittern. Ihre Körperspannung ist zu hoch, ihr Stresslevel leider sehr häufig auch.

Hunde, die Großwild jagen, brechen gemeinsam zur Jagd auf, wenn sie Hunger haben und die Situation es zulässt. In der Zwischenzeit ruhen sie. Sowohl Jagdhunde, die nach dem Schuss jagen, wie zum Beispiel Retriever, als auch Allrounder wie der Rhodesian Ridgeback haben nur eine erhöhte Körperspannung in jagdlichen Situationen. Es sei denn, sie leiden unter Stress. Hütehunde sind auch „allzeit bereit“, jederzeit in der Lage sofort zu agieren, auf die Bewegung des Viehs zu reagieren. Auch sie haben leicht eine erhöhte Körperspannung.

## ENTSPANNUNG UND RUHE

*Für alle Hunde ist es wichtig, dass nach einer aktiven Phase eine Phase der Entspannung und Ruhe folgt und sowohl körperliche als auch geistige Spannung abgebaut werden kann. Wenn ich meinem Hund gestatte, von seiner Anspannung herunterzukommen, sich zwischen den gemeinsamen Beschäftigungseinheiten wahrhaft zu erholen und Stresshormone abzubauen, werden auch jagdliche Situationen entspannter sein.*

Körperliche und geistige Entspannung gehen miteinander einher. Wenn Spannung nachlässt und sich Entspannung ausbreitet, wenn Stresshormone durch Spannungsauf- und -abbau gesünder dosiert werden, kann auch ein hysterischer Jagdjunkie wieder ansprechbar werden.

### Bewegungsrichtung

Die Richtung, in der sich Hunde bewegen, gibt Auskunft über ihre Intention. Ein Hund, der sich geradewegs auf einen anderen zu bewegt, ohne einen kleinen höflichen Bogen zu machen, verhält sich außerordentlich unhöflich und wird dies mit großer Wahrscheinlichkeit auch von seinem Gegenüber zu spüren bekommen.

Hütehunde zeigen in ihrem Verhalten häufig eine bestimmte Jagdsequenz: das Umkreisen und Selektieren von Beutetieren. Sie trennen bestimmte Tiere von der Gruppe. Diese Jagdsequenz der Hunde haben sich die Schäfer zunutze

*Jede Form von Jagd ist mit körperlicher und geistiger Anspannung verbunden.*

gemacht und auf das Vieh angewandt. Die typischen Bewegungen der Hütehunde erscheinen uns oft lauernd, schleichend und dieses Gefühl entspricht den Tatsachen. Der jagdliche Aspekt des Hütens ist unverkennbar.

Auch in der EJB erkennt man die Bewegungsmuster der Hütehunde: Besonders Border Collies folgen der Hetzangel nicht, sondern umkreisen den Angler und versuchen der Angel den Weg abzuschneiden. Die meisten Jagdhunde hingegen rennen hinter dem Dummy an der Angel her und lernen erst im Verlauf mehrerer Einheiten an der Hetzangel, die Bewegungen des Menschen so gut einzuschätzen, dass sie wissen, wohin dieser den Dummy mittels der Angel bewegen wird. Anhand unserer Bewegung, die sie wahrnehmen, während sie gleichzeitig den Dummy im Auge behalten, berechnen sie unsere Bewegungsrichtung voraus und wissen meist vor uns, was wir als Nächstes tun werden.

Uns Menschen erscheint dies fast unheimlich. Hunde sind jedoch „nur" in der Lage Bewegungen so detailliert zu beobachten, dass sie problemlos die Richtung anhand von kleinsten Muskelanspannungen erkennen können. Nur wenn wir uns vor unserer Aktion unserer Bewegungsmuster bewusst sind, können wir diese in die Kommunikation mit unserem Hund einbeziehen. Die größte Herausforderung für uns Menschen stellt sicherlich die Reflexion der eigenen Bewegungsmuster und der bewusste Umgang mit Bewegung statt.

## Zielgerichtetes Gehen

Eine der klassischen Übungen zum „Entspannt-an-der-Leine-Gehen" ist der Richtungswechsel. Sobald mein Hund an der Leine zieht, drehe ich um und gehe in eine andere Richtung. Dies wird in vielen Hundeschulen mit unterschiedlich starkem Einsatz an der Leine beim Umkehren empfohlen. Doch für meinen Hund muss es so scheinen, als wüsste ich nicht, wohin ich eigentlich möchte. Kaum sind wir erfolgreich in die eine Richtung unterwegs und der Hund übernimmt die ihm angestammte Führung, überlegen wir es uns anders und drehen um. Wir erscheinen ziellos.

Wahrscheinlich wird mein Hund irgendwann frustriert mit mir hin und her gehen und es fühlt sich so an, als sei die Leinenführung besser geworden. Das Bild meines Hundes von mir hat sich aber nicht zum Positiven entwickelt.

Wenn ich jedoch ein sichtbares Ziel schaffe, dann kann ich meinem Hund erklären, dass wir dort nur gemeinsam ankommen. Einen Futterbeutel oder eine Hetzangel auszulegen und mit dem Hund dorthin zu gehen, eine Richtung zu finden, die auch dem Hund sinnvoll erscheint, ermöglicht es mir Spielregeln aufzustellen. Geht mein Hund vor mir, bleibe ich stehen, gehe eventuell ein, zwei Schritte rückwärts und zupfe dann an der Leine. Dreht mein Hund sich in meine Richtung, sieht er, dass ich immer noch das gemeinsame Ziel vor Augen habe und nicht umdrehe und weglaufe. Erreichen wir dann gemeinsam das Ziel, kann ich ein Spiel anbieten.

Als Einstieg in entspanntes Gehen an der Leine kann ich einen Trainingspartner mit einer Hetzangel postieren und mich mit meinem Hund im Kreis darum bewegen. Wenn mein Hund es dann schafft, mich entspannt zu begleiten, kann ich ihn zum Hetzen in die Mitte schicken. Ein guter Zeitpunkt dafür ist ein fragender Blick des Hundes, ohne dass ich ihn dafür anspreche. Sollte der Reiz der fremden Person an der Angel zu groß sein, kann ich auch nur die Angel, einen Futterbeutel oder einen anderen Reiz in die Mitte legen.

## Bewegungsdynamik

In der Physik ist die Dynamik das Teilgebiet der Physik, das sich mit der Wirkung von Kräften beschäftigt. In der Musik beschreibt die Dynamik die Verhältnisse zwischen leisen und lauten Tönen zueinander. Wir wollen hier die Wirkung und den Einsatz von Energie im Rahmen einer Jagd betrachten. Wann investiert ein jagendes Tier welche Intensität und wie viel Kraft in eine Handlung und was können wir als Menschen daraus schließen und damit anfangen?

Wenn man ein jagendes Tier beobachtet, wie es sich auf eine Beute anschleicht, neigt man dazu die Luft anzuhalten. Die Spannung, die in diesem Moment liegt, zeugt von der Bedeutung, die dieses Anschleichen für Jäger und Beute hat. Selbst wenn das Beutetier das Anschleichen bemerkt, wird es nicht kopflos davonrennen, sondern entscheiden, in welche Richtung es flieht, um die größtmögliche Überlebenschance zu haben. Einen schleichenden Löwen zu beob-

*Auf das Anschleichen folgt das Hetzen, Stellen und Töten der Beute. Hierfür sind höchste Kraft, Konzentration und Entschlossenheit notwendig.*

achten, der in einer bestimmten Distanz zu seinem Beutetier scheinbar plötzlich beschleunigt, lässt die Dynamik erahnen, die hinter jeder auch noch so langsamen Bewegung steckt. Natürlich rennt auch der Löwe nicht plötzlich los, sondern genau dann, wenn es erfolgversprechend ist.

Dynamik und Körperspannung hängen eng miteinander zusammen. Hunde sind in der Lage, ihre Kräfte exakt den Erfordernissen anzupassen. Das ist bei uns Menschen genauso, nur dass wir eben eher beschleunigen, wenn wir den Bus noch erwischen möchten, und nicht, wenn das Kaninchen in erreichbarer Entfernung aufspringt. Unsere Hunde würden sich natürlich wünschen, dass wir den Bus ziehen lassen und uns mehr mit den Kaninchen dieser Welt beschäftigen würden!

Für Hunde bedeutet jemand, der dynamisch vor etwas wegläuft, Flucht. Langsames Gehen ohne allzu große Körperspannung entspricht Entspannung, innehalten mit Körperspannung und Anschleichen ist Teil der Jagd. Was bedeutet es also für einen Hund, wenn jemand an uns vorbeiläuft? Flüchtet der bedauernswerte Jogger vor jemandem? Nicht selten versuchen Hunde, ihre eigenen Menschen daran zu hindern zu laufen oder Fahrrad zu fahren. Sie haben mit der plötzlichen Dynamik ihres Menschen ein Problem, da sie nicht einschätzen können, was diese Veränderung des Krafteinsatzes bedeutet.

Optimal wäre es für den Hund, wenn unsere Dynamik tatsächlich etwas zu bedeuten hätte. Das gemeinsame Laufen auf ein Ziel zu (zum Beispiel ein versteckter Futterbeutel) macht Hunden große Freude, entspricht es doch viel eher ihrer natürlichen Art der Fortbewegung als unser ermüdendes Spazierengehen. Wenn unsere Hunde erfahren, dass auch wir in der Lage sind, dynamisch und sinnhaft zu handeln, können sie sich uns anschließen und ihre jagdlichen Ambitionen mit unserem ersatzjagdlichem Angebot in Einklang bringen.

Dynamik bedeutet nicht, dass ich ständig rennend unterwegs sein muss, sondern dass ich meine eingesetzte Kraft den Umständen anpasse. Gemeinsames Laufen mit dem Hund und abruptem Stopp als Auftakt zu gemeinsamer Aktion lässt bereits bei kleinen Welpen Begeisterung aufkommen. Die Hunde lernen durch unsere Dynamik, auf uns zu achten. Dafür reicht oft schon ein Tempowechsel während der gemeinsamen Ausflüge mit anschließender Beschäftigung.

Wir sollten versuchen zu erreichen, dass unsere Hunde etwas Positives von uns erwarten. Einen Ball von immer der gleichen Stelle bei gleichzeitigem Gespräch mit anderen Hundewiesen-Besuchern oder hektischen SMS-Geschreibe auf dem Handy hat nichts mit Dynamik zu tun und fördert keine positive Erwartung unserer Hunde in uns. Wenn es für unseren Hund egal ist, wer den Ball wirft, Hauptsache, er wird überhaupt geworfen, dann weiß ich als Hundehalter, dass mein Hund objektfixiert ist und er von mir außerhalb der eigenen vier Wände nicht allzu viel Positives erwartet.

Dynamik passt sich an die Situation an. Ein Balljunkie ist nicht in der Lage, seine Dynamik anzupassen. Er rennt und rennt und rennt – gegen sich selbst, gegen seine körperliche und geistige Gesundheit. Bieten wir ihm jedoch eine Möglichkeit, gemeinsam mit uns Ersatz zu jagen, erzeugen wir eine gemeinsame Dynamik, die der wilden Jagd in einer sozialen Gruppe vergleichbar ist.

## Akustische Kommunikation

Hunde kommunizieren zwar nicht so ausführlich mit Lauten wie wir Menschen, aber dennoch haben sie ein Geräuschrepertoire, das sehr bedeutend ist. Allein die unterschiedlichen Formen des Bellens und Knurrens sind inhaltlich deutlich zu unterscheiden.

Das unterdrückte Wuffen mit kaum geöffneten Maul ist ein Warnsignal, das schon die kleinsten Welpen erkennen, sodass sie sich umgehend in die Sicherheitszone zurückziehen, sobald es ertönt. Knurrbellen (rrr-wuff) ist eine Drohung. Ein einzelnes herausgeschmettertes „Wau" kann auch ein Zeichen aufgeregter Freude sein. Je tiefer ein Ton ist, desto ernster und sicherer ist er gemeint. Unsichere Hunde bellen häufig viel höher als man es bei ihrer Körpergröße erwarten würde. Es ist förmlich, als schnüre ihnen die Angst die Kehle zu und auch wir Menschen können in einer angstbesetzten Situation häufig nicht tief und sicher sprechen.

Unser angsterfülltes „Belloooohooo!!!", das wir unserem Hund hinterherschmettern, wenn er mal wieder dem Reh hinterherjagt, klingt für Bello wahrscheinlich eher wie hysterischer Spurlaut als wie ein ernst gemeinter Rückruf. Selbstverständlich sollte ich meinen Hund nur zurückrufen und erwarten, dass er auch kommt, wenn ich dies in weniger reizstarken Situationen etabliert habe (siehe „Pfeifentraining" und „Distanzkontrolle").

Auch beim Knurren gibt es unterschiedliche Intensitäten. Ein kurzes, trockenes „grrr" ist eine Warnung, jedoch nicht die letzte Stufe. Je tiefer und rollender das Knurren ist, desto ernster ist es gemeint. Normalerweise reicht ein derartiges Knurren aus, um Streitigkeiten in einem intakten Rudel zu beenden. Rechte und Pflichten sind verteilt und geklärt und das Knurren ist eine Erinnerung daran. Auf jeden Fall sollte man ein Knurren immer ernst nehmen und wenn man sich nicht allzu blöd dabei vorkommt, kann man das Knurren selbst in der Kommunikation mit seinem Hund einsetzen. Wichtig dabei ist, dass das „r" dabei rollt und nicht trocken im Hals stecken bleibt. Dann wäre es ein katzenhaftes Fauchen und würde vom Hund nicht als hündischer Laut wahrgenommen.

*Durch ein deutliches Körpersignal und ein Knurren wird der Hund daran gehindert, den Futterbeutel zwischen den Füßen zu klauen.*

Entscheidend ist, dass mein Hund weiß, dass mein Knurren auch eine Konsequenz nach sich zieht. Es ist sinnvoll, das Knurren in der Kommunikation einzusetzen, wenn beispielsweise unser Begleiter die Ohren spitzt und der Blick in die Ferne schweift, um das Reh anzuvisieren, wenn der bisherige Tabulaut („Nein“, „No“, „Aus“, „Pfui“) vom Hund nicht ernst genommen wird, weil die Konsequenz fehlte. Möchte ich also hündische Laute in die Erziehung einbeziehen, muss ich unbedingt konsequent an deren Umsetzung arbeiten. Wenn mein Hund sich an einer Spur festschnuppert und ich das unterbinden möchte, kann ich knurren und dann entweder Distanz an der Leine aufbauen und meinen Hund von der Stelle wegzupfen oder ihn, wie es seine Mutter auch getan hätte, stupsen. Ich stupse mit zusammengelegten Fingern und imitiere so eine Hundeschnauze.

Stupsen soll meinen Hund nicht von den Füßen holen, sondern stellt eine Erinnerung und Ermahnung dar, eine Handlung zu beenden. Grundsätzlich sollte aber immer so lange eine taktile (Berührung) Konsequenz mit der akustischen Kommunikation verbunden sein (Erklärungsphase), bis mein Hund sicher auch ohne taktile Kontaktaufnahme (Stupsen oder Zupfen) reagiert. Wichtig ist bei der taktilen Konsequenz auch, dass sie so zeitgleich wie möglich mit der akustischen Korrektur einhergeht. Hunde agieren nicht grob, sondern schnell.

Ich erinnere mich noch sehr genau daran, dass in unserer Pension mal eine fünf Monate alte Vizsla-Hündin mit Anlauf in meinen in einer Kudde liegenden Rhodesian Ridgeback-Senior sprang, weil sie zu übermütig war. Im Bruchteil einer Sekunde war der gesamte Kopf der zarten Hundemaus in Odongos Maul verschwunden und genauso schnell war er auch wieder draußen. Ein einzelner Speichelfaden war das einzige, was daran erinnerte, dass die kleine Stella kopflos hätte werden können. Ein Hund kann so unglaublich schnell reagieren, dass wir uns mit unseren verlangsamten Reaktionen leicht lächerlich machen können.

Bin ich also körperlich nicht in der Lage, in der Erklärungsphase der akustischen Korrektur taktil zu agieren, sollte ich lieber darauf verzichten. Daher ist die Leine ein adäquates Kommunikationsmittel, da meine Reichweite deutlich vergrößert wird und mein Hund mich in meiner Kommunikation ernst nehmen kann. Sehr häufig erlebe ich, dass Menschen ihren Hunden wahre Romane erzählen und Opfer unserer Sprachkultur sind. Wir konzentrieren uns sehr auf die menschliche Sprache und übersehen dabei die körperliche Kommunikation. Je mehr wir mit unserem Hund reden, desto weniger wird er darauf achten, was wir sagen. Das, was wir unserem Hund sagen, sollte Bedeutung haben und mit angepasster Stimme vorgebracht werden.

### TIEFE STIMME

*Eine stimmliche Korrektur braucht eine tiefe Stimme. Hunde kennen unsere Stimmen genau und sie erkennen umgehend, ob wir mit tiefer, ernster oder mit hoher, motivierender Stimme sprechen. Das ist unabhängig davon, ob meine Sprechstimme eher im Sopran (hoch) oder Bass (tief) angeordnet ist.*

Wenn ich sehr aufgeregt bin, wird mein Hund das an der Stimme erkennen. Die Tonhöhe verändert sich und auch die Spannung in der Stimme kann bis zu einem Zittern ansteigen. Möchte ich vermeiden, dass meine Emotion sich in angespannten Situationen überträgt, dann kann ich mittels einer Pfeife zumindest die wichtigsten Grundsignale ersetzen und bin damit „emotionsfrei“ und personenunabhängig. Hunde sind in der Lage zu erkennen, wer die Pfeife bedient, da sich die Intensität des Hineinpustens unterscheidet, aber dennoch besteht mehr Einheitlichkeit in der Signalgebung als mit der menschlichen Stimme.

## Pfeifentraining

Die Pfeife stellt eine sehr gute Möglichkeit dar, über größere Distanz Signale an meinen Hund zu geben, ohne dabei schreien zu müssen, und so „akustischen Druck“ auszuüben. Es gibt verschiedene Pfeifen im Handel, die aber aus meiner Sicht nicht alle empfehlenswert sind. Bereits im antiken Rom gab es Hundepfeifen, die wahre Kunstwerke waren und die Wertschätzung für die der Pfeife zugehörigen Jagdhunde zeigte.

Grundsätzlich stellt das markante Pfeifen eine weitere Möglichkeit dar, den Hund aus seiner „jagdlichen Versunkenheit“ aufzuwecken, vorausgesetzt, die Pfeifensignale wurden positiv und sinnstark aufgebaut.

Empfehlenswert sind Pfeifen aus natürlichen Materialien wie Holz oder Horn, da sie einen individuellen Klang haben und sich alle unterscheiden, sodass mein Hund „seine“ Pfeife erkennen kann. Metall- oder Plastikpfeifen sind zu einheitlich und besonders die kleinen Hundepfeifen aus Metall, deren sehr hochfrequenten Ton nur Hunde hören sollen, bieten kaum Variationsmöglichkeiten im Gebrauch.

Es ist sinnvoll für ein Stopp-Signal, einen markanten Trillerton zu verwenden. Den kann ich bei einer Eintonpfeife selbst erzeugen, indem ich rollend beim Pfeifen ausatme. Jeder, der seinen Hund anknurren kann, ist auch in der Lage, einen Trillerton zu pfeifen. Gelingt mir dies jedoch nicht, sollte ich auf eine Pfeife mit zwei Endungen ausweichen, bei der an der einen Seite ein Triller eingebaut ist. Dabei ist es am einfachsten, wenn die eine Pfeifenseite nach vorn und die andere nach hinten zeigt, da ich dann die Pfeife an der Schnur nur in der senkrechten und nicht auch noch in der waagerechten Richtung drehen muss, um abwechselnd zu trillern und zu pfeifen.

Zu Beginn des Pfeifentrainings sollte mein Hund das Gefühl bekommen „Wann wird endlich gepfiffen, wann darf ich kommen?“ und nicht „Was wollen die denn schon wieder?“. Dafür beginne ich sowohl bei Welpen als auch bei erwachsenen Hunden auf einer reizarmen Fläche und entferne mich ein ganzes Stück weit. Mein Hund muss warten. Ich habe einen Futterbeutel am Schnürchen dabei oder etwas anderes zum Spielen geeignetes und lasse meinen Hund ein wenig „schmoren“ – vorausgesetzt mein Hund kann abwarten. Andernfalls bitte ich jemanden, meinen Hund zu halten.

Für einen Welpen reicht eine kurze Distanz von fünf Metern und er muss nicht länger warten, sondern darf auf mein Rufen und anschließendes Pfeifen kommen und ich biete ein Spiel an. Der erwachsene Hund sollte dann herangerufen und gepfiffen werden, wenn seine Aufmerksamkeit noch bei mir liegt und er sich nicht beginnt, mit anderen Dingen zu beschäftigen.

*Hornpfeife und mehrtönige Pfeife aus Ahornholz*

Es ist empfehlenswert, das Heranrufen mit der Pfeife in jedes Training zu integrieren. Auf der einen Seite fördert das die positive Erwartung („Wann darf ich kommen?“) und auf der anderen Seite kann sich die Verknüpfung des Pfeifensignals mit dem anschließenden hochwertigen Jagdersatzspiel verfestigen, das heißt, mein Hund freut sich, wenn ich pfeife. Die Erwartung der gemeinsamen Aktion wird vom Hund höher bewertet als die Gabe von Leckerchen, Katzenfutter oder anderen Goodies.

Im zweiten Schritt kann ich das eventuell überlebenswichtige Stopp-Signal etablieren. Voraussetzung ist, das mein Hund den Stopp, also das Beenden einer Aktivität nach vorhergegangenem Signal, bereits kennt (siehe auch „Umlenksignale").

Das Stopp-Signal beinhaltet zwei wesentliche Bestandteile: zum einen das akustische und/oder visuelle Signal zum Stoppen einer Aktivität und zum anderen eine Ersatzhandlung, die mindestens ebenso wertgeschätzt wird wie die abgebrochene Handlung. Daher kann man von einem Umlenksignal sprechen.

Wenn ich meinem Hund beim Apportieren des Futterbeutels auf dem Weg zu mir stoppe, indem ich ihn mit den Blicken fixiere, das akustische Signal „Stopp" oder das Trillersignal mit der Pfeife gebe, eventuell einen Schritt auf den Hund zugehe, um ihm zu erklären, dass er anhalten möge, dann folgt auf sein Innehalten grundsätzlich eine hochwertige Alternative. Für Hunde, die gern hetzen, ist dann die bereit gelegte Hetzangel oder ein Futterbeutel mit Schnürchen geeignet. Für stark olfaktorisch veranlagte Hunde bietet es sich an, dass ich vorweg beispielsweise eine Aromaspur vorbereite und mich nach dem Stopp mit dem Hund dorthin schnuppere.

Das Stopp-Signal mit der Pfeife muss zu Beginn des Trainings zeitlich möglichst nahe mit dem gesprochenen Stopp-Signal oder der Stopp-Geste verbunden werden, damit der Hund die Verknüpfung aufbauen kann. Wenn ich bemerke, dass mein Hund sich freut und voller Erwartung ist, wenn ich die Pfeife um den Hals lege, dann wird sich das Training positiv entwickeln und ich erreiche eine hohe Zuverlässigkeit in der Partnerschaft Mensch/Hund.

Grundsätzlich sollte der Hund die Signale, die ich gebe, als Bereicherung empfinden. Ein Stopp-Signal sollte für den Hund immer ein spannendes Angebot sein und kein Abbruchsignal.

## Visuelle Desensibilisierung

Desensibilisierung heißt, dass ich die Empfindlichkeit gegenüber einem Reiz durch Gewöhnung herabsetze. Für das Jagdverhalten bedeutet das, dass ich durch Gewöhnung an visuelle jagdliche Reize eine geringere Empfänglichkeit für jagdauslösende Reize erreichen kann. Das setzt voraus, dass ich über ausreichend Geduld und ein Feingefühl für die Entwicklung meines Hundes verfüge. Sehr sensible, reizempfindliche Hunde wie Vorstehhunde, Stöberhunde und

Hütehunde, die stark auf optische Reize reagieren, benötigen unbedingt eine Annäherung an jagdliche Reize in sehr kleinen Schritten.

Der erste Trainingsschritt muss sein, dass ich feststelle, wie mein Hund auf visuelle Reize reagiert. Bevor mein Hund es nicht erträgt, dass Bälle an ihm vorbei geschossen werden oder ein Dummy an der Hetzangel bewegt wird, brauche ich nicht über Wild nachzudenken.

Ich möchte in der Beschreibung der Desensibilisierung bei sehr geringen Reizen beginnen und die Steigerung erläutern. Für viele Hunde stellt es schon ein Problem dar, wenn ein anderer Hund überhaupt etwas tun darf und sie sich nicht einmischen dürfen. Es kann für Hunde, die es gewohnt sind, einen Futterbeutel zu apportieren, schon schwierig sein, wenn sie zusehen müssen, dass ein anderer Hund in einer Gruppenübung einen Beutel aus der Mitte der Gruppe (Auf ausreichende Abstände achten! An der Leine trainieren!) zu holen und dabei ruhig abzuwarten.

Wenn es für die anwesenden Hunde nicht möglich ist, den anderen ruhig zuzuschauen, dann beginne ich damit, in eine Richtung zu arbeiten, die von den anderen Hunden abgewandt ist. Die Bewegung in die Mitte und somit auf die anderen Hunde zu ist für einige schwer zu ertragen. Erst wenn mein Hund in der Lage ist, anderen auch mal bei der Arbeit zuzusehen, kann ich mich mit weiteren Reizen beschäftigen.

*Apportieren des Futterbeutels trotz bewegten Reizes an der Angel*

Wenn man sich fragt, was das mit Jagdverhalten zu tun hat, möchte ich Folgendes fragen: Wenn ein Hund nicht in der Lage ist, die Bewegung eines anderen Hundes zu ignorieren, vorausgesetzt er hat sonst kein Problem mit anderen Hunden, wie soll er dann die Bewegung echten Wildes ertragen? Bereits in der Welpengruppe apportieren wir mit den Welpen parallel zu den anderen Teams, um die Konzentration des Hundes auf den Menschen zu fördern und so der „Nichtansprechbarkeit“ in reizstarken Umfeldern vorzubeugen.

Ein weiterer Schritt bei der visuellen Desensibilisierung kann sein, dass ich kleine oder auch große Bälle (Treibbälle/Gymnastikbälle) an den Hunden vorbeikullere. Dabei beginne ich aus einer sichtbaren Position vor dem Hund, damit der Hund von der Bewegung nicht überrascht wird. Wenn das kein Problem mehr darstellt, rolle ich die Bälle aus einer Position hinter Mensch und Hund an dem Team vorbei. Der unerwartete Bewegungsreiz ist für die Hunde schwerer zu ignorieren als die erwartete Bewegung.

Grundsätzlich lenke ich die Aufmerksamkeit des Hundes nach einer externen Bewegung auf eine gemeinsame, interne Aktion. Ich kann den Dummy aus der von dem Bewegungsreiz abgewandten Seite apportieren lassen. Kommt der Bewegungsreiz also von hinten und rollt nach vorn am Hund vorbei, dann werfe ich, wenn er dies ertragen hat, den Dummy nach hinten und lasse meinen Hund nach vorheriger Anfrage (Blickkontakt) apportieren. Wenn es ihm besonders schwerfällt, dann kann ich ihn bereits mit dem Werfen des Futterbeutels mit dem akustischen Apportier-Signal losschicken.

Die ersatzjagdliche Handlung soll bewirken, dass mein Hund keine Frustration aufbaut, sondern ein Ventil für sein Adrenalin findet. Wird im Verlauf des Trainings das Ertragen der Bewegungsreize einfacher, dann kann ich das „Ventil“ abbauen und mich für eine Weile zwischen den Reizen bewegen, bevor ich Ersatzjagd anbiete.

Werden auch die rollenden Bälle ertragen, kann ich den Bewegungsreiz weiter steigern und mich mit der Hetzangel über die Fläche bewegen, während mein Hund abwartet. Da viele Hunde dies bereits aus dem Aufbau des Hetzangelspiels kennen, empfiehlt es sich, sich einen Trainingspartner zu suchen, der dann die Angel bedienen kann. Umgekehrt kann mein Hund dann lernen abzuwarten, während ich für den Hund des Trainingspartners die Animation übernehme.

Wir haben uns noch immer nicht mit echtem Wild beschäftigt, ich halte jedoch diese ersten Schritte für eine Voraussetzung, um irgendwann eine zuverlässige „Wildfestigkeit“ zu erreichen. Eine besondere Schwierigkeit stellt häufig das Hetzangelspiel im Wasser dar. Viele Hunde, besonders die Retriever und Wasserhunde, aber auch viele andere, haben eine große Leidenschaft für Aktivität im Wasser und ertragen es nur sehr schwer, nicht ins Wasser zu dürfen,

*Der Magyar Vizsla hat die Wahl zwischen Katzenattrappe und Futterbeutel.*

geschweige denn anderen den Vortritt zu lassen. Ich erlebe es nicht selten, dass besonders Hundehalterinnen von ihren motivierten Kraftpaketen ins Wasser gezogen werden. Es sei denn, sie lassen die Leine los und haben damit eigentlich für die nächsten Trainingseinheiten verloren, da ihr Hund natürlich begriffen hat, dass er über ungeahnte Kräfte verfügt.

Gerade vor wenigen Wochen hatte ich ein Gespräch mit einer Kundin, die mir mitteilte, wie sehr sie und ihr Retriever-Mix sich auf den „Wassertag" freuen: ein Tag komplett am Wasser mit netten Leuten, freundlichen Hunden und hoffentlich gutem Wetter. Ich sagte ihr, dass ich es für meine wesentliche Aufgabe hielte, ihrem Hund zu erklären, dass nicht alle zeitgleich im Wasser agieren können und sollen und es hoffentlich nicht so weiterginge, dass ihr Hund in jeder Form einer Wasseransammlung wieder zu finden sei – egal ob geplant oder nicht. Daraufhin sagte die sehr ambitionierte und nette Frau, dass sie sich vorstellen könnte, dass alle anderen Hunde miteinander abwechselten während des eintägigen Workshops und ihre charmante Hundedame die ganze Zeit trainieren dürfte. Das hat sie zum Glück nicht ganz ernst gemeint, aber ich ahne, dass für sie der Gedanke der jungen Hundedame Herr zu werden, während andere im Wasser planschen dürfen und sie nicht, etwas erschreckend ist.

Generell kann man sagen, dass derjenige, der entscheidet, wer wann was jagt, auch der Entscheidungsträger in anderen Bereichen und somit Führungspersönlichkeit ist.

Zur visuellen Desensibilisierung setze ich auch gern unechtes Wild wie Plastik-Schwimmenten für den Gartenteich ein. Die Enten an einer Schwimmschnur am Ufer verankert und auf dem Wasser treibend stellen für einen sehr passionierten Wasserjäger wie Retriever einen hohen Reiz dar. Diesen zu ertragen, kann zu einer wahren Herausforderung werden und es bietet sich an, eventuell ein Hetzspiel an Land oder im Flachwasser anzubieten, um anfänglich den Reiz zu überwinden. Wenn es dann im Verlauf der weiteren Trainingsschritte möglich wird, die Enten zu ignorieren, kann ich den ersatzjagdlichen Reiz verringern und an Land apportieren.

Entscheidend ist auch hier, dass ich meinen Hund einschätzen kann und die Reize nicht überdosiere. Gerade bei den sehr sensiblen Hunden kann die Desensibilisierung in Hysterie umschlagen. Kleinste Einheiten und unbedingtes Umlenken des Impulses und der langsame Aufbau der Toleranz gegenüber Reizen ist unabdingbar, um nicht das Gegenteil der Desensibilisierung zu erreichen. Es ist auch nicht ratsam, zu viel Beschäftigung anzubieten, und vor allem nicht ohne das Abwarten des Hundes auf die Freigabe, da ich sonst nur erreiche, dass mein Hund sich eine andere Passion sucht, die wieder hysterisch verfolgt wird.

## REIZ ABSCHWÄCHEN

*Reagiert mein Hund auf einen angebotenen Reiz überstark, beispielsweise mit Bellen oder In-die-Leine-Springen, sollte ich den Reiz abschwächen oder die Distanz dazu vergrößern.*

Einen erfolgreich absolvierten Trainingsabschnitt erkenne ich daran, dass mein Hund von sich aus meinen Blick sucht, sozusagen fragt, was wir statt des visuellen Reizes zusammen tun wollen. Ein entspannter Hund springt nicht in die Leine, ist jederzeit ansprechbar und reagiert auf meine Körperbewegung. Gemeinsame Bewegung hilft Spannung abzubauen, wobei ich mich zu Beginn nicht von einem Reiz weg und dann wieder darauf zu bewegen sollte, um den Spannungsbogen nicht zu extrem zu gestalten.

Ich versuche die Entfernung zu finden, in der mein Hund den Reiz ertragen kann (Distanzfindung) und bewege mich dann im immer gleichen Abstand auf und ab. Dabei wende ich mich nicht ganz ab, sondern gehe so, dass mein Hund und ich den Reiz im Auge behalten können. Ein stetes Hin- und Abwenden würde ein immer neues Aufleben der Spannung beinhalten und so der Desensibilisierung entgegenwirken.

Das Ziel des Trainings ist, die Wichtigkeit des visuellen Reizes abzubauen und einen neuen Fokus auf gemeinsame Beschäftigung zu erreichen. Ich wende mich erst ab, wenn mein Hund es schafft, durch freundliche Ansprache, meine Bewegung, der er folgt, oder eigenen Antrieb seine Aufmerksamkeit davon zu lösen und mein Beschäftigungsangebot anzunehmen (Fokusveränderung). Wenn mein Hund und ich uns ohne größere Aufregung inmitten der oben beschriebenen Reize bewegen können, kann ich mich langsam an echtes Wild wagen.

Es ist sinnvoll in einem Umfeld zu beginnen, wo ich meinem Hund einen dauerhaften Reiz durch Wild anbieten kann. Die Kontinuität hilft mir, eine Desensibilisierung zu erreichen, während das plötzliche Auftauchen eines einzelnen Wildtieres einen sehr plötzlichen Spannungsaufbau zur Folge hätte. Auch wenn der Besuch eines Wildparkes mit Aufwand verbunden ist, habe ich dort jedoch die Gelegenheit, gezielt Wildgehege aufzusuchen, die in mein Trainingsgeschehen passen. Es ist für einen jagdlich ambitionierten Hund, der stark auf Bewegungsreize reagiert, leichter zu ertragen an einem Rehgehege stehen zu bleiben, mit mir gemeinsam zu gucken und dann etwas ersatzjagdliches zu tun, als an einer Voliere mit flatternden Vögeln oder hüpfenden Kaninchen.

Bei unseren Ausflügen mit Kunden in den nahegelegenen Wildpark sind die Baummarder, die quirlig an Baumstämmen auf- und abspringen, besonders „beliebt". Als Einstiegsreiz sind solche Gehege denkbar ungeeignet. Wenn ich meinen Hund im Verlauf der vorangegangenen Trainingsschritte besser einzu-

*Anstatt den Hund allein vor einem Wildgehege von einer wilden Jagd träumen zu lassen, bieten Sie ihm stattdessen eine gemeinsame Ersatzjagd an.*

schätzen gelernt habe, kann ich bei einem Besuch des Wildparks ohne meinen Hund die geeigneten Trainingsschritte planen. Auch für das Training an echtem Wild gelten die oben bereits beschriebenen Maßnahmen der Distanzfindung, Bewegung und Fokusveränderung.

Für die unterschiedlichen Hundetypen stellen die verschiedenen Tiere eines Wildparks auch eine unterschiedliche Herausforderung dar. Ein Solitärjäger reagiert wahrscheinlich weniger stark auf großes Wild als ein Allrounder, Hütehund oder Treibhund, sondern zeigt größtes Interesse bei Kaninchen, Meerschweinchen, den bereits vorgestellten Baummardern und anderen „kleinen Flitzern". Während sich einige Hunde gar nicht an das Gehege von Wildschweinen herantrauen, stellt das Schwarzwild für andere gerade die richtige Herausforderung dar. Die von den Saupackern abstammenden doggenartigen Hunde und auch besonders draufgängerische Solitärjäger wie der Deutsche Jagdterrier hätten wohl Mut genug, um sich an ein Wildschwein heranzuwagen. Das wollen wir jedoch nicht ausprobieren!

Auch im Wildpark gilt die Weisheit, dass Vorsicht die Mutter der Porzellankiste ist. Zeigt mein Hund länger andauernde Stresssymptome aufgrund der Wildreize, dann ist die Dosis zu groß gewählt. Es darf zudem nicht vergessen werden, dass die fremde Umgebung und die anderen Besucher des Parks ein weiterer Stressfaktor für den Hund sind. Ich sollte mir also Trainingszeiten suchen, in denen möglichst wenig Publikumsverkehr herrscht, und meinen Hund genau beobachten. Auch die Gewöhnung an die Umgebung und die Besucher muss Teil des Trainings sein, um meinen Hund nicht zu überfordern.

Es ist wichtig einzuschätzen, ob mein Hund seinen Stress nach außen zeigt (aktiver Stresstyp) oder ihn nach innen kehrt (passiver Stresstyp). Die aktiven Stresstypen werden unter Überlastung hyperaktiv, unruhig, hysterisch, unkonzentriert und hektisch, die passiven Stresstypen ruhig, passiv, unbeweglich, erscheinen wie in sich gefangen. Fälschlicherweise wird das häufig als Entspanntheit interpretiert.

Besonders sehr ernste Hunde wie Herdenschutzhunde oder auch einige Allrounder wenden sich manchmal von dem Geschehen ab, scheinen desinteressiert zu sein und der Hundehalter hat das Gefühl, sein Hund sei gelangweilt. Tatsächlich steht der Hund jedoch kurz vor einer Überreaktion und kann die angebotenen Reize nicht mehr verarbeiten.

In beiden Fällen ist es wichtig, sollte man einmal aus Versehen zu viele Reize in das Training eingebaut haben und der Hund reagiert mit Stress, die Situation positiv aufzulösen. Das kann ein letztes Spiel sein, das ich so einfach wie möglich gestalte, aber dennoch einen Spannungsabbau beinhaltet (Hetzen ohne abzuwarten, sofortiges Apportieren mit Apport-Signal beim Werfen) und mit der Fütterung abschließe.

Nach jeder Trainingseinheit zur Desensibilisierung versuche ich meinen Hund so schnell und direkt wie möglich von dem reizstarken Umfeld fortzubringen, ohne dass sich erneut eine Spannung aufbauen kann, damit die Reizverarbeitung nicht gestört wird und nicht erneut Adrenalin/Cortisol ausgeschüttet wird, sondern der Hund zur Ruhe kommen kann.

## Olfaktorische Desensibilisierung

Hunde verfügen einerseits über die Fähigkeit, sehr viele Gerüche unterscheiden zu können, auch sehr ähnliche Duftspuren individuell zu interpretieren und zu analysieren. Andererseits können sie durch die Kopplung der olfaktorischen Wahrnehmung an das limbische System förmlich in einen Geruchsrausch geraten, der es ihnen nicht mehr möglich macht, sich geistig von den berauschenden Gerüchen zu trennen. Ähnlich wie ein Bewegungsreiz die absolute Aufmerksamkeit des Hundes auf sich ziehen kann, kann dies auch mit einem Geruch entstehen.

Wildgerüche oder der Geruch einer läufigen Hündin für einen Rüden können so ein geistiges Wegtreten auslösen und die Hunde zeigen sich wenig ansprechbar und handeln nicht rational. Mit einer geruchlichen Desensibilisierung wollen wir erreichen, dass sich Hunde an die auslösenden Wildgerüche gewöhnen kön-

*Der Mensch tabuisiert den Geruchsträger (Wildschweinfell) für den Hund, damit dieser verstehen kann, dass Wild keine Jagdbeute darstellt.*

nen, sie als normal und daher nicht mehr so spektakulär empfinden. Besonders olfaktorisch stark veranlagte Hunde wie Bracken, Schweiß- und Meutehunde sind oft in freier Wildbahn nur schwer von ihrer Schnuppertour abzuhalten.

Es ist nicht ungewöhnlich, dass Hunde, die ungebremst ihrer Nase folgen, sich so auf der Spur verlieren, dass sie den Rückweg zu ihrem Menschen nicht mehr finden und oft viele Kilometer entfernt wieder eingesammelt werden.

Die geruchliche Desensibilisierung folgt einem simplen Grundprinzip: Je häufiger ein Geruch abgekoppelt von einer der dazu gehörigen Handlung wahrgenommen wird, desto eher verliert er seine Trigger-Bedeutung.

Wir beginnen bereits in der Welpengruppe, die jungen Hunde für Wildgerüche zu desensibilisieren, indem wir Fell über den Boden ziehen, bevor das Welpenspiel beginnt. Da das Spiel und die Kommunikation so wichtig für die Welpen sind, wird der Geruch als nicht so bedeutungsschwer bewertet. Anhand dieses frühen Einsatzes von reizstarken Gerüchen kann man sich auch ein gutes Bild von der Empfänglichkeit und der Intensität des zu erwartenden Jagdverhaltens der Hunde machen. Je stärker ein junger Hund auf die angebotenen Gerüche reagiert, desto gewissenhafter und kontinuierlicher muss ich den Jagdkontrollaufbau gestalten.

Desensibilisierung bedeutet grundsätzlich, dass ich mich kontinuierlich mit den Reizen beschäftige, um mich daran zu gewöhnen. Für den Aufbau der Gewöhnung an jagdliche Gerüche sollte ich zu Beginn einen Geruchsträger wählen, der gut zu dosieren ist und den ich in den Alltag mit einem Hund integrieren kann. Hat der Nachbar beispielsweise Kaninchen im Garten, kann ich ihn bitten, die Kaninchen mit einem Handtuch abzureiben, das ich dann zu Hause so positioniere, dass mein Hund den Geruch in seinen Ruhephasen wahrnehmen kann. Daraus ergibt sich längerfristig die Verknüpfung „Kaninchen – Ruhe“. Der Kaninchengeruch muss natürlich regelmäßig aufgefrischt werden.

Die erste Präsentation des Geruches sollte nicht stattfinden, wenn der Hund sich gerade nach einem tiefen, erholsamen Schlaf erhebt, sich reckt und streckt, uns keck ansieht und die ganz große Tagesbespaßung erwartet. Ein satter, nach der Ersatzjagd zufriedener und entspannter Hund wird sich weniger wahrscheinlich auf das Kaninchen-Handtuch stürzen und es euphorisch in Stücke reißen!

Selbstverständlich ist es grundsätzlich nicht empfehlenswert, mit einem Kaninchenfell-Dummy zu spielen, da das Apportieren desselben den Hund wunderbar auf die Jagd nach einem echten Kaninchen vorbereitet. Ebenso wenig ist es ratsam, seinem Hund befellte Ohren eines Tieres zum Knabbern anzubieten, da das Fell den Geruch des Tieres behält und für meinen Hund so der Eindruck entstehen muss, das ich ihn unbedingt zur wilden Jagd motivieren möchte.

Zur weiteren Entwicklung der Desensibilisierung benötige ich eine Quelle für jagdliche Gerüche. Im Internet finden sich Anbieter im Bereich Jagdausstatter, bei denen man gefrorene Wildteile wie Rehlauscher oder Wildschweiß bestellen kann. Eventuell muss man sich mit der Familie darauf einigen, im Gefrierschrank eine Parzelle für solche Einkäufe frei zu machen, und erklären, dass diese Tiere nicht auf mein Betreiben getötet wurden und mein Training mit dem Familienhund andere Tiere schützen soll.

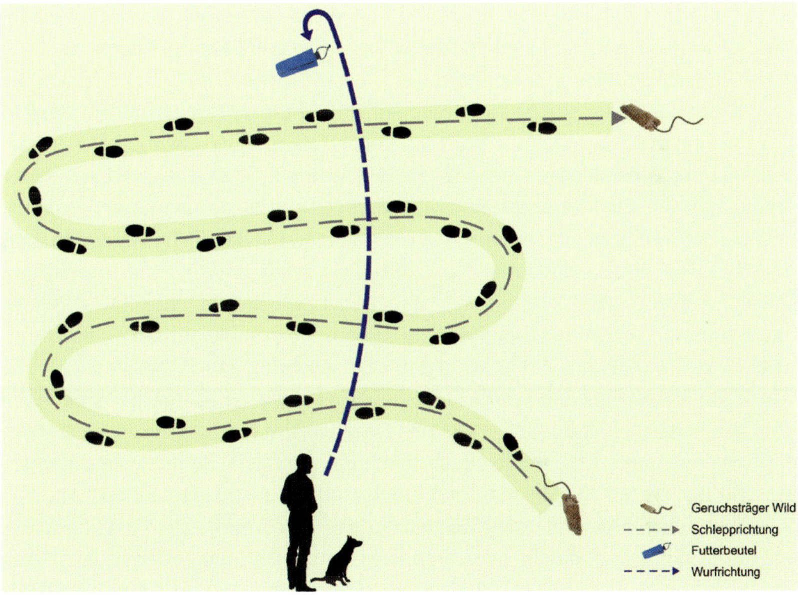


*Suchen und Apportieren des Futterbeutels über eine Verleitspur mit Wildgeruch*

Ich nutze die bestellten Geruchsträger, um vor einer Jagdersatzbeschäftigung die Fläche geruchlich vorzubereiten. Der Wildgeruch, das Stück Wild oder der Geruchsträger (zum Beispiel Handtuch mit Wildgeruch) wird an eine Schnur gebunden und über eine begrenzte Fläche gezogen. Anschließend wird ein Training mit dem Hund begonnen. Dabei ist wichtig, dass das Jagdersatztraining auf einer geruchskontaminierten Fläche (Wildgeruch) mit einer für den Hund wichtigen Ressource wie dem Futterbeutel stattfindet, damit die Entscheidung gegen das Wild und für die Team-Arbeit mit dem Menschen sinnhaft verknüpft werden kann.

Am besten hilft man seinem Hund sich zu konzentrieren, indem man eine sehr reizstarke ersatzjagdliche Beschäftigung auswählt, sodass der geruchliche Reiz überwunden werden kann. Eine Hetzjagd stellt einen starken Reiz dar und wird von den Hunden besonders zu Beginn des Trainings leichter angenommen als eine statische Beschäftigung ohne viel Bewegung. Im Verlauf des weiteren Trainings kann ich dann sowohl die geruchliche Ablenkung als auch den Anspruch in der ersatzjagdlichen Arbeit steigern.

Das Apportieren von mehreren auf dem Wildgeruch ausgelegten Futterbeuteln, die sich also nicht bewegen wie beim Hetzspiel, fordert von meinem Hund eine stärkere Selbstkontrolle als der Einstieg mittels Hetzangelspiel. Erst wenn mein Hund trotz ausgelegtem Fells voller Begeisterung seinen Futterbeutel holt, auch die eingesammelte und verstreute Kaninchen- oder Rehlosung (Kot) ignoriert, dann kann ich mich „hinauswagen" in echte jagdliche Umfelder wie Wald (nicht Park!), Feld usw.

Die passive Desensibilisierung auf jagdliche Gerüche, bei der der Hund nicht aktiv den Jagdreiz überwinden muss (Kaninchen-Handtuch), sollte parallel zu der aktiven Desensibilisierung weiter fortgeführt werden. Sobald ich deutliche Fortschritte bei der olfaktorischen und visuellen Desensibilisierung erkennen kann, beginne ich die beiden Formen zu kombinieren. Ein jagdlicher Geruchsträger oder das Fell eines Wildtieres kann von einer zweiten Person an der Schnur bewegt werden, wobei die Person auch außer Sichtweite (Häuserecke, dicker Baumstamm u. Ä.) stehen kann. Sobald mein Hund zum Apportieren des Futterbeutels, der in die Nähe des ausgelegten Fells geworfen wurde, ansetzt, zieht die versteckte Person an der Schnur und das Fell bewegt sich. Alle beschriebenen Übungen werden ausschließlich angeleint trainiert, damit der Hund nicht doch den „wilden" Jagderfolg hat. Ich kann durch die 5-Meter-Leine den Hund begrenzen und ihm so helfen, positive Erfahrungen mit der Ersatzjagd zu machen.

Wenn mein Hund trotz sorgfältigem Aufbau das bewegte Fell bevorzugt, reagiere ich nicht ungeduldig oder ärgerlich, sondern gönne meinem Hund eine Pause ohne den Futterbeutel, um nachdenken zu können, und wiederhole die Übung etwas später. Ist es meinem Hund nicht möglich, das Fell „gehen" zu lassen, dann sollte ich in meinem Training noch einmal einen Schritt zurückgehen. Unsere Hunde verdienen die Chance zu verstehen, was wir von ihnen verlangen und was wir ihnen anbieten können.

## Distanzkontrolle

Zwei Erfahrungen aus dem täglichen Hundeschulalltag fallen mir zum Stichwort „Distanzkontrolle" ein: Zum einen fällt es vielen Kunden sehr schwer, mit ihren Hunden an der Leine und später an der Schleppleine zu trainieren. Es widerspricht ihrem Bedürfnis nach Freizügigkeit und Freiheit oder ist schlicht unbequem. Die Leine stellt jedoch zu Beginn des gemeinsamen Trainings die einzige

*Die 5-Meter-Leine wird flexibel eingesetzt und ist im Trainingsaufbau der verlängerte Arm des Menschen.*

Möglichkeit dar, meinem Hund auf größere Distanz als Armlänge helfend zur Seite zu stehen, die Verbindung trotz starker Ablenkung zu halten und ist richtig eingesetzt ohne halsbrecherische Hauruckaktionen ein Kommunikationsmittel.

Auf größere Entfernung beginne ich dann, dem Hund, der die 5-Meter-Leine nicht als Folterinstrument kennengelernt hat, die Schleppleine anzubieten. Der an die Leine gewöhnte Hund wird diese dann trotz schleppen lassen als Verbindung zu seinem Menschen empfinden. Erst wenn Übungen sowohl an der 5-Meter-Handleine als auch an der Schleppleine sicher und angenehm für beide Teampartner funktionieren, kann ich über Leinenabbau (siehe unten) nachdenken.

Die zweite Erfahrung zur Distanzkontrolle betrifft den Trainingsplatz. Viele Hunde und ihre Halter bewegen sich auf der Trainingsfläche in einer Komfortzone, da weder andere Hunde von außen störend einwirken können noch der Hase unerwartet über die Wiese schießt oder die anderen Teams unkontrolliert auf Futterbeutelraubzug gehen, da ja ein Trainer und ein Zaun da sind. Selbst wenn es also möglich ist, auf einer großen Trainingsfläche Distanzarbeit zu üben, stellt der Schritt heraus in die freie Wildbahn Hund und Halter vor mehrere große Aufgaben.

Ich möchte an dieser Stelle nicht dafür plädieren, Hundetraining nur mobil anzubieten, da ich der Meinung bin, dass ich in einem von Wild und fremden Hunden freien Umfeld Signale und Struktur gut etablieren kann, um diese erworbenen Fertigkeiten dann auch in den Alltag zu transferieren. Wenn wir uns daher hier im Folgenden mit Distanzkontrolle beschäftigen, kann ich generell nur sagen, dass auch auf sicherer, umzäunter Fläche eine Leine an den Hund gehört und die Signale dort aufgebaut werden können.

Ebenso wie bei der Desensibilisierung ist es von entscheidender Wichtigkeit zuerst festzustellen, wie weit Hund und Mensch mit ihrem gemeinsamen Training bereits gekommen sind, wie die Zusammenarbeit im Nahbereich (5-Meter-Radius) aussieht und dann in angepassten Schritten auf die Distanz zu kommen.

Ein Hund, der unter Trennungsängsten leidet, wird sicher mehr Zeit für den Aufbau von Distanzarbeit, die ja mit Abwarten und dem weiter entfernten Menschen einhergeht, benötigen als ein sicherer und souveräner Hund.

Distanzkontrolle beinhaltet zwei unterschiedliche Aspekte: zum einen den aktiven Hund, der auf Signale des Menschen in Entfernung zur Person zuverlässig arbeitet, und zum anderen die Selbstkontrolle des Hundes, wenn der Mensch sich aktiv auf Distanz zum Hund begibt und somit dem Hund vorübergehend Passivität auferlegt. Distanzkontrolle ermöglicht eine weitaus anspruchsvollere Jagdersatzarbeit als es für mich und meinen Hund im 5-Meter-Radius möglich wäre. Auf weiter Fläche den Hund revieren (systematisches Absuchen einer Fläche) zu lassen und mittels Stopp-Signalen bei der Suche zu unterstützen („Stopp" und „Such", um die Position für den Hund besser kenntlich zu machen), ist viel aufregender und eine größere Herausforderung für Hund und Halter. Stöber- und Vorstehhunde lieben diese großflächige Art des Suchens!

Es ist aber vonnöten, diese Distanzen sorgfältig aufzubauen, damit mein Hund keinen wilden Jagderfolg erlebt und dennoch Freude an der gemeinsamen Arbeit entwickeln kann. Grundsätzlich kann ich die Übungen aus den Bereichen der visuellen und olfaktorischen Desensibilisierung auch auf Distanz einsetzen, um eine größere Zuverlässigkeit in der Zusammenarbeit zu erreichen. Dabei empfiehlt es sich, eine zweite Person in das Training einzubeziehen.

Lege ich beispielsweise das aus der Desensibilisierung bekannte Wildfell an der Schnur auf größere Distanz aus und schicke meinen Hund zum Suchen, dann ist es ratsam, am Ende des Schnürchens eine Person zu postieren, die das Fell, sollte sich der Hund dafür und gegen seinen Futterbeutel entscheiden, tabuisieren kann. Tabuisierung bedeutet unter Hunden, dass eine Ressource, die von einem Individuum besetzt wird (Liegeplatz, Futter, Partner, Stock, Knochen usw.), dem anderen verwehrt wird. Der „Besitzer" fordert sozusagen Respekt für seine Ressource und setzt seine Besitzansprüche durch. Dabei geht es nicht um Gewalt, sondern es wird durch Mimik (wie entblößte Zähne, Fixieren, Schritt in Richtung des Gegenübers) und Akustik (Knurren, eventuell stoßartiges Bellen) kommuniziert, dass es bei Diebstahl zu einer Auseinandersetzung kommen würde.

Selbst das rangniedrigste Tier der sozialen Gruppe hat das Recht, Ressourcen zu tabuisieren. Wenn ich mich also der hündischen Kommunikation bediene und das gezogene Fell gegenüber dem jagenden Hund behaupte, kann er verstehen, dass Beute grundsätzlich jemand anderem gehören könnte und man sich besser mit der eigenen Beute (dem Futterbeutel) beschäftigen sollte.

Dieses Vorgehen wende ich nur an, wenn mein Hund problemlos von mir als Hundehalter ein Tabu akzeptiert und kein grundlegendes Problem mit anderen Menschen hat. Es empfiehlt sich als Trainingspartner, eine dem Hund bekannte und geschätzte Person auszuwählen, um Konflikten vorzubeugen.

*Distanzkontrolle: Der Pudel hat gelernt, sich an mehreren ausgelegten Futterbeuteln vorbeischicken zu lassen und apportiert hier den letzten aus der Reihe.*

Eine weitere gute Möglichkeit, die Zuverlässigkeit auf Distanz zu trainieren, stellt die Verleitungsspur durch beispielsweise „Pansenwasser" dar. In einem Liter Wasser werden mehrere Bröckchen frischen Pansens gegeben, sodass das Wasser den Geruch annehmen kann. Mit dieser Flüssigkeit wird aus einer PET-Flasche eine Spur getröpfelt, die in einiger Entfernung zu der von mir für meinen Hund und mich ausgewählten Trainingsfläche liegt. Die Spur sollte in einer überschaubaren Distanz beginnen (10-Meter-Radius) und im Bogen von mir weg- und wieder zurückführen. Wenn ich über diese Spur hinaus einen Futterbeutel apportieren lassen möchte und mein Hund sich entscheidet, dieser Spur zu folgen, landet er unweigerlich wieder bei mir.

## FLÄCHEN OHNE HUND ABGEHEN

*Zu Beginn des Trainings zur Distanzkontrolle empfiehlt es sich, die ausgewählten Flächen direkt vor dem Training ohne den Hund abzugehen, um eventuell vorhandenem Wild die Chance zum Ausweichen zu geben.*

Wenn ich nun also den Bewegungsreiz durch das gezogene Fell und den Geruchsreiz durch die Verleitungsspur trainiert habe, kann ich – wieder mithilfe einer zweiten Person – das Abrufen aus einer Jagdsituation üben. Hierzu positioniert sich die zweite Person auf Distanz zu mir und meinem Hund mit einer Hetzangel. Ebenso wie beim Hetzspiel im Nahbereich sollte auch hier mein Hund mit Blickkontakt fragen und ruhig abwarten, bis ich das „Apport"-Signal gebe. Beim ersten Durchgang lässt die zweite Person an der Angel den Futterbeutel fangen, während ich räumlich aufschließe, um die Beute in Empfang nehmen zu können. Beim zweiten oder dritten Mal versuche ich, meinen Hund aus dieser Hetzjagd herauszurufen.

Wenn mein Hund auf mehrmaliges Rufen nicht reagiert, fängt die zweite Person an der Angel den Beutel und nimmt die Angel hoch, sodass mein Hund seinen Tunnelblick auf die Beute unterbrechen und zu mir zurückkommen kann. Bei mir angekommen biete ich ebenfalls eine hochwertige ersatzjagdliche Beschäftigung an, damit mein Hund versteht, warum es sinnvoll ist sich abrufen zu lassen: Gemeinsam haben wir Spaß und Erfolg.

Wenn es mit der Verleitungsspur, dem gezogenen Fell und dem Abrufen aus dem Hetzspiel nicht klappt, brauche ich mich nicht auf eine eventuell wildbesetzte Wiese zu wagen. Die Enttäuschung für Mensch (nie hört er, wenn ich ihn rufe) und Hund (nie jagt er mit, wenn ich jage) wäre gewiss.

# Affektkontrolle

Schon mehrfach wurde hier das Hetzspiel an der Angel beschrieben. Es stellt die einfachste Möglichkeit dar, meinem Hund eine jagdähnliche Beschäftigung an bewegter Beute anzubieten. In dem Kapiteln über visuelle und olfaktorische Desensibilisierung wurde außerdem die Übung mit dem Fell an einer Schnur beschrieben, die ebenfalls einen bewegten Reiz darstellt. Was also macht das nun folgende Kapitel aus? Es soll um Affektkontrolle gehen.

Als Affekt bezeichnet man zuerst einmal schlicht eine Gemütserregung. Meist folgt dem Affekt eine aus dieser Gemütserregung resultierende Handlung oder körperliche Reaktion, die sich weitestgehend der Kontrolle des Individuums entzieht. Das kann eine körperliche Reaktion sein. Aus Scham zu erröten, ist eine unkontrollierbare Reaktion auf die Gemütserregung Scham. Jemanden anzulächeln, weil man ihn sympathisch findet, ist zwar auch eine Reaktion auf den Affekt „Sympathie empfinden“, ist aber kontrollierbar. Aus dem Affekt „Wut empfinden“, um sich zu schlagen, ist ebenfalls kontrollierbar.

Ein Verbrechen aus dem Affekt heraus zu begehen, bedeutet, in einer starken Gemütserregung gehandelt zu haben und wird strafmildernd bewertet. Dennoch sind wir sicher einer Meinung, wenn ich behaupte, dass ein affektives Gefühl nicht zu einem Mord führen sollte, oder?

Was passiert, wenn dem eigenen Kind etwas zustößt oder einer anderen geliebten Person? Sind wir dann toleranter gegenüber Selbstjustiz? Sicher. Da es hier nicht um Kapitalverbrechen gehen soll, sondern um Affektkontrolle, werde ich Beispiele aus der Hundehalterwelt bemühen: Wenn unser Hund etwas aus einer starken Gemütserregung heraus tut, dann müssen wir uns zuerst die Frage stellen, ob unser Hund bereits in der Lage ist, den Affekt zu kontrollieren, oder ob ich ihn derzeitig vor unlösbare Aufgaben stelle. Wenn mein Hund einen Hasen davonlaufen sieht und aus dem Affekt der Adrenalinüberflutung und der daraus entstehenden Euphorie heraus hinterher sprintet, kann ich dann verlangen, dass mein Hund sich von mir zurückrufen lässt?

Menschen begehen Kapitalverbrechen im Affekt und können sich eventuell nicht mal mehr an ihre Tat erinnern. Doch ist die Jagd des Hundes ein Verbrechen? Aus Sicht des Hundes nicht. Da wir jedoch in unserer Zivilisation im 21. Jahrhundert in Europa leben, ist es bei Nicht-Jägern zumindest eine Ordnungswidrigkeit und für das Reh, dem das Kitz gerissen wird, sicher ein Verbrechen.

Wir bewerten das Verhalten unserer Hunde nach unseren ethischen und moralischen Normen. Warum darf unser Hund Mäuse ausgraben und verspeisen, das süße Kitz oder Nachbars Katze sind aber mit einem Tabu belegt? Für den Hund ist es aber wahrscheinlich der gleiche Affekt. Was tun?

*Affektkontrolle: Das Frettchenfell wird im Augenblick des Apportierens gezogen, sodass sich der Rhodesian Ridgeback zwischen Fell und Futterbeutel entscheiden muss.*

Es ist möglich, mit viel Geduld, Konsequenz und Einfühlungsvermögen, wie in allen Bereichen der Jagdkontrolle, zu erreichen, dass die Bezugsperson in der Gedankenwelt des Hundes so sehr verankert ist, dass auch in Momenten des Affektes eine durch den Menschen etablierte Vernunftentscheidung möglich wird.

Wenn jede jagdliche Aktivität durch Auswahl der Trainingsflächen und Aufenthaltsorte des Hundes unterbunden und eine ersatzjagdliche Beschäftigung angeboten wird, besteht die Chance, dass ein Hund lernen kann grundsätzlich zu „fragen", ob ein Jagdverhalten erwünscht ist.

Bereits bei acht Wochen alten Welpen kann ich beginnen, das Spiel mit dem Hund nur zu starten, wenn ich vorher einen Blickkontakt mit ihm habe. Dieser Blickkontakt erfolgt freiwillig und wird nicht belohnt oder akustisch gefördert (schnalzen, mit Leckerchentüte knistern o. Ä.). Wenn ein Hund lernen darf, das jede mit einem Affekt verknüpfte Handlung erst bei der Bezugsperson angefragt werden muss, dann haben Mensch und Hund die Chance, später frei miteinander umherstreifen zu können auf dem Weg zu einer gemeinsamen Ersatzjagd. Das bedeutet nicht, dass mein Hund grundsätzlich kein Interesse mehr an Wild haben wird, sondern dass er die Entscheidung, ob wir jagen, bewusst an mich abgeben konnte.

In anderen, nicht so stark emotional besetzten Situationen darf mein Hund selbstverständlich seine eigenen Entscheidungen treffen. Meist kann man sehr klar unterscheiden zwischen Affekt besetzten und nicht Affekt besetzten Situationen: Außerhalb der eigenen vier Wände sind eigentlich alle Situationen so stark besetzt, dass ich unbedingt die Entscheidungen über das Verhalten der sozialen

Gruppe (also mein Hund und ich) treffen sollte, egal ob der Affekt aus dem Territorial-, Sexual- oder Jagdinstinkt entsteht. Draußen ist der Erregungszustand des Hundegemüts normalerweise deutlich erhöht.

Für einige Hunde bedeutet aber auch der Aufenthalt mit der Familie im Haus eine starke Gemütserregung. Die Hunde kommen nicht zur Ruhe und suchen ständig die Aufmerksamkeit ihrer Menschen. Das ist Stress und für den Organismus ungesund. Kein Hund sollte in seiner Gruppe alle Entscheidungen treffen, sondern dies den Zivilisationsprofis, also den Menschen überlassen dürfen. Nur wer seine Grenzen kennt, ist im Rahmen dieser Grenzen frei. Unkontrollierte Freiheit bedeutet Haltlosigkeit.

Wie erreiche ich es also, dass mein Hund sich meiner jederzeit bewusst ist, lernt mich zu fragen und die Entscheidungskompetenz in Bezug auf die Jagd an mich abgibt? Der erste Schritt ist die Ersatzjagd mit Futterbeuteln unter menschlicher Einflussnahme. Wenn ein Hund losrennt, sobald ein Ball oder ein Futterbeutel geworfen wird, wird er dies wahrscheinlich auch tun, wenn ein Reh davonspringt. Ich kann für die erste Übung also meinem Hund ein „Sitz" anbieten und mache dann die typische Wurfbewegung, lasse den Beutel jedoch nicht los.

Wenn mein Hund nicht in der Lage ist, nachdem er das Muster durchschaut hat, sitzen zu bleiben und auf mein „Apport"-Signal zu warten, gehe ich noch einen Schritt weiter zurück: Ich lasse den Beutel zwischen meine Füße fallen und unterbinde durch Stupsen, Knurren oder „No" bzw. „Nein", dass er mir gestohlen wird (Tabuisieren). Das ist der erste Schritt, um meinen Hund davon zu überzeugen, dass ich ernst zu nehmen und tatsächlich in der Lage bin, über eine Ressource zu entscheiden. Anschließend kann ich mit dem Beutel spielen und ihn hochwerfen.

Auch hierbei lasse ich meinen Hund sich nicht einmischen. Wenn mein Hund das akzeptiert hat, kann ich den Beutel hinter mir fallen lassen, nachdem ich den Hund abgesetzt habe. Bleibt er sitzen, trete ich beiseite, warte auf einen Blickkontakt (Frage) und gebe erst dann das Signal „Apport" mit einem Handzeichen zum Futterbeutel.

Diese Übung baue ich weiter aus, indem ich den Futterbeutel neben mir und dann ein Stück entfernt von mir fallen lasse, bevor ich ein kleines Stückchen werfe. Bevor der erste Wurf erfolgt, versehe ich den Beutel mit einer Schnur (dreifache Armlänge) und kann so – sollte mein Hund durchstarten, wenn ich den Beutel werfe – die Beute wieder zwischen meine Füße ziehen, also das Tabu wieder herstellen.

Schritt für Schritt werden so Spielregeln aufgebaut, deren Einhalt nicht mit Futter, sondern mit Spaß und nachvollziehbaren Zielen für den Hund einhergeht. Untersuchungen im humanpsychologischen Bereich haben in Langzeitstudien be-

*Der Wäller apportiert trotz der elektrischen Katzenattrappe den Futterbeutel. Der Mensch beweist Kontrolle über den Nahrungskonkurrenten Katze.*

legen können, dass Menschen mit einer hohen Affektkontrolle, also der Fähigkeit sich selbst zu bremsen, zufriedener und erfolgreicher sind als diejenigen, die über eine geringe Affektkontrolle verfügen.

Diese Kriterien gelten auch für Hunde: Einigen Hundetypen fällt die Affektkontrolle deutlich leichter als anderen. Dies ist genetisch bedingt und in der Zucht so gewollt. Besonders schwer fällt dies meiner Erfahrung nach den modernen Vorstehhunden. Geduld ist nicht ihre Stärke. Vielen fällt es schon schwer, auch nur für einen Augenblick still zu sitzen und aus dem Affekt „Ungeduld" entsteht Zorn und der äußert sich häufig in dem empörten Gekläffe in Richtung des gemeinen Hundehalters, der nur darauf aus ist, seinen Hund zu quälen!

Das wütende Gebell aus dem Affekt heraus hört man auch bei vielen Solitärjägern oder Hütehunden. Erlebe ich bei meinem Hund ein derartiges „Austicken" während des Trainings zur Affektkontrolle, dann sollte mir bewusst sein, dass mein Hund dies nicht tut, weil er ein unsensibles kleines Monster ist, sondern im Gegenteil: Mein Hund ist überfordert und frustriert, weil er sich oder wenigstens mich nicht kontrollieren kann. Ich gestalte dann die Trainingsschritte kleiner und mache vielleicht nur eine Wiederholung einer Übung anstatt drei. Mehr als drei Wiederholungen sind für jeden Hund frustrierend!

Komme ich dennoch an den Punkt, dass mein Hund sich lautstark in meine Richtung äußert, muss ich unterscheiden, ob dies Wut oder Überforderung ist. Ist mein Hund wütend, wird er ausschließlich mich anbellen und mir damit deutlich zeigen, was er von meinen neuen Anstrengungen, der Tabuisierung und der ganzen Kontrolle hält, nämlich gar nichts. Dann darf er gern ein kleines Päuschen im Auto machen, während ich mir einen Kaffee oder ein kurzes Telefonat gönne. Danach gibt es die nächste Chance.

Schafft mein Hund es auch dann nicht, sich ein bisschen zu disziplinieren, war der Trainingsschritt zu groß. Sowohl Unter- als auch Überforderung lösen Frustration und Protest aus. Bin ich mir nicht sicher, wo ich mit meinem Hund stehe, kann ich eine zweite Person bitten, mich mit dem Handy während eines Trainings zu filmen, und sehe mir dann in Ruhe an, wie mein Hund auf meine Bemühungen reagiert.

Solitärjäger tun sich häufig anfänglich sehr schwer damit zu akzeptieren, dass ich plötzlich auch über die Ressource bestimmen möchte. Zudem fällt es ihnen oft zu Beginn schwer, sich auf die Zusammenarbeit zu konzentrieren. Dafür sind sie ursprünglich nicht gezüchtet worden, sondern sollten selbst entscheiden und handeln. Das Bellen aus Wut über nicht erbrachte Animationsleistungen des Menschen (Wirf den Ball!) und das leicht hysterische Gekläffe wegen Überforderung durch zu viel Input liegen sehr nah beieinander.

Herdenschutzhunde sind in den meisten Fällen sehr viel kontrollierter als die bisher erwähnten Hundetypen. Sie werden sich wahrscheinlich sehr genau ansehen, was wir in Bezug auf den Umgang mit der Futter-Ressource tun und ihnen mitteilen wollen und dann einschätzen, wie ernst sie das nehmen können. Jede Form von nicht souveränem Handeln (laute Stimme, hektische Bewegungen usw.) zeigt unsere Inkompetenz und wird entweder Desinteresse oder eine deutliche Führungsübernahme zur Folge haben.

Ich sollte immer darauf achten, dass ich meinen Hund mit meinem veränderten Auftreten und dem Umgang mit der Ressource Futter nicht provoziere. Hat mein Hund mich bis dahin als „unhündisch" erfahren, wird er eventuell

*Gemeinsames Anschleichen auf bewegte Beute an der Hetzangel mit abschließender Hetzjagd*

versuchen, mein Verhalten durch Anspringen, Über-Schnauz-Griff, Festhalten und Schnappen zu korrigieren. Dann sollte ich mein Verhalten deutlich defensiver gestalten und mir von jemandem Rat holen, der Erfahrung in diesem Bereich hat.

Akzeptiert ein Hund jedoch die neuen Spielregeln, kann ich die Affektkontrolle weiter ausbauen. Auch bei bewegter Beute wie einem Futterbeutel an der Hetzangel sollte mein Hund lernen sich zu kontrollieren. Wenn ich meinem Hund eine Hetzjagd anbiete, setze oder lege ich ihn vorher ab und nehme die Angel auf. Erst wenn ich mit Blickkontakt gefragt werde, gebe ich das Signal „Apport". Versucht mein Hund ohne Frage den Dummy zu jagen, nehme ich die Angel ohne Kommentar auf und beginne von vorn. Erst wenn es meinem Hund nicht mehr schwerfällt, den an der Angel ausgelegten Dummy ruhen zu lassen, kann ich langsam beginnen, den Futterbeutel an der Angel zu bewegen, bevor der Hund losgeschickt wird.

Ich kann im weiteren Verlauf des Trainings auch erst einen geworfenen Dummy apportieren lassen, während ich die Angel bewege. Dabei ist eine deutliche Richtungsweisung auf den geworfenen Dummy vonnöten, damit mein Hund und ich keine Missverständnisse entwickeln.

Eine weitere Steigerung des Trainings ist das gemeinsame Anschleichen an die Angel. Ich beginne damit, die Hetzangel mit Futterbeutel sichtbar für den Hund auf der Fläche abzulegen und wieder auf Distanz zu gehen. Dann nehme ich selbst eine leicht gebückte Haltung mit Körperspannung ein, als wollte ich mich an ein Tier anschleichen. Meinen Hund rufe ich dabei zu mir und lasse ihn mit mir „schleichen". Wenn ihm dies schwerfällt, kann ich ihn auch absetzen, 5 Meter vorschleichen, ihn nachkommen lassen (dabei die 5-Meter-Leine in Schlaufen aufnehmen, damit er nicht nach vorn zur Angel schießen kann) und mich so etappenweise bis auf Reichweite zur Angel heranarbeiten. Anschließend wird die aufgespürte Beute kurz (!) gehetzt und dann gefasst. Schließe ich an das Anschleichen eine lange Hetzjagd an, muss bei meinem Hund der Eindruck entstehen, ich könnte nicht gut schleichen, denn sonst wäre ja keine lange Hetzjagd mehr nötig.

Wir sollten die Hunde in ihrer Interpretationsfähigkeit unseres Handelns nicht unterschätzen. Sie wissen sehr wohl, ob wir etwas gut oder nur mäßig erfolgreich machen. Anschleichen auf bewegte Beute stellt im Training der Affektkontrolle von einem Mensch-Hund-Team die größte Herausforderung dar. Der Mensch bewegt die Angel vor sich her, lässt den Dummy dabei langsam wie ein verträumtes Kaninchen hüpfen. Hund und Mensch schleichen ein paar Meter hinter diesem Kaninchen her, bevor das Signal „Apport" das Finale der gemeinsamen Jagd einläutet. Auch hier ist der Blickkontakt vor dem Losschicken des Hundes von immenser Bedeutung. Nur wenn ein Hund den Blick von einer bewegten Beute lösen kann, wird er meine Entscheidung gegen diese Jagd akzeptieren können: Kognition (Denken) gegen affektgesteuerte Handlung (erregungsgesteuerte Handlung).

Die oben beschriebenen Übungen kann ich auch in einer Trainingsgruppe üben, um den Reiz noch zu steigern, oder eine zweite Person an die Angel bitten. In der Humanpsychologie wird die Affektkontrolle der emotionalen Intelligenz zugerechnet, ebenso wie Empathie und andere soziale Fertigkeiten. Um mit den eigenen emotionalen Erregungszuständen umgehen zu können, sollte man erlernen, die übermäßigen Emotionen zu benennen, sie differenziert im Einzelnen wahrzunehmen und zu begreifen und sich mit dem Selbstgefühl zu beschäftigen. Die Körperwahrnehmung ist ein wesentlicher Bestandteil des Selbstgefühls, das man leicht in einem starken Erregungszustand verlieren kann, man „außer sich" ist.

Eine ähnliche Beobachtung machen wir bei unseren Hunden: In einem starken jagdlichen Erregungszustand nehmen wir unsere Hunde als „außer sich" wahr, beobachten, dass sie eine verminderte Körperwahrnehmung haben und von den Gefühlen so geflutet werden, dass sie nicht mehr rational entscheiden können. Die gleichen pädagogischen Schritte wie in der Humanpsychologie kann ich auch für meinen Hund einsetzen.

Wenn ich beispielsweise einen Hund erlebe, dem es bereits extrem schwerfällt, nicht – nötigenfalls mit seinen Menschen im Schlepptau – in den nächsten Teich zu entschwinden und der zudem hysterische Aussetzer beim Anblick einer schwimmenden Ente bekommt, dann ist es sinnvoll, die Reize „Wasser" und „Ente" im Training zu trennen. Wir verwenden dann künstliche Lockenten, die wir an einer Schnur durchs Gras ziehen, und beginnen damit, den Hund abgewandt von der gezogenen Ente ein Hetzspiel zu machen. Im weiteren Trainingsverlauf werden Futterbeutel neben der Ente apportiert. Der unwiderstehliche Reiz des Wassers wird davon getrennt überwunden, indem wir eine reizstarke Aktion mit dem Hund an Land in Entfernung zum Wasser beginnen und uns dann langsam nähern.

Auch das Abrufen aus einem Hetzspiel im Flachwasser mit anschließender Aktion an Land und Fütterung stellen einen Schritt auf dem Weg zum „wassersicheren Hund" dar. Die beiden stärksten Auslösereize und somit auch die damit verbundenen Gefühle und Erregungen werden getrennt angeboten und sind somit kleiner dosiert und besser zu bewältigen.

In einer Trainingseinheit zum Thema Affektkontrolle muss ich immer darauf achten, den Hund nicht in einem hohen Erregungszustand die Übungen beenden zu lassen, damit sich nicht der Hype, sondern die kognitive Einschätzung der Situation im Gehirn festsetzt. Die Verbesserung der Körperwahrnehmung in reizstarken Situationen erreiche ich zu Beginn des Trainings eigentlich nur durch zwei Maßnahmen: zum einen die Berührung (Halten, Ausstreichen, festes Streicheln, T-Touch) durch den Menschen und/oder eine zeitlich kurz begrenzte körperliche Aktivität wie Hetzspiel oder „Buddeln“ (Futterbeutel im Sand vergraben). Nach der Trainingseinheit ist es sinnvoll, einen Kauartikel anzubieten, der ebenfalls den Effekt des Spannungsabbaus hat.

## Frustrationstoleranz

Warum spielen wir mit Kindern „Mensch ärgere dich nicht“? Warum spielen wir überhaupt Gesellschaftsspiele? Damit ein Kind lernen kann, dass es im Leben Spielregeln gibt, die nicht von ihm selbst gemacht werden, sondern in der Gesellschaft für ein reguliertes Miteinander sorgen.

Rücksichtnahme und die Anerkennung der Rechte anderer sind wesentliche Bestandteile unseres Lebens als Erwachsene. Menschen, die sich dem grundsätzlich entziehen, gelten als asozial. Sich an eine soziale Gruppe anpassen zu können, ermöglicht erst Zusammenleben und Interaktion. Das Gleichgewicht zwischen Eigeninitiative, Rücksichtnahme, Teamfähigkeit und Selbstständigkeit ist ein ständiges Thema in unserem Bewusstsein.

### KLARE SPIELREGELN

*Hunde können nur in einer sozialen Gruppe erfolgreich, sicher und zufrieden leben. In unserer Zivilisation ist es unumgänglich, dass wir für unsere Hunde die Spielregeln aufstellen müssen, da sie dazu hinsichtlich Kühlschrank öffnen, Auto fahren und Futter einkaufen nicht in der Lage sind. Leider empfinden unsere Hunde viele unserer Regeln als vollkommen überflüssig und ein Welpe muss mühsam lernen, dass das Sofa keine adäquate Liegestelle und der teure Teppich kein wunderbarer Hundeklo-ersatz ist.*

Regeln im Hundeleben sollten für alle Beteiligten – Mensch und Hund – Sinn ergeben und die Erklärung dieser Regeln sollte für den Hund nachvollziehbar, also auf Wegen, wie ein Hund sie kommunizieren würde, gestaltet werden (Tabuisieren, Konsequenz, Freiräume und Grenzen gleichermaßen aufzeigen). Dennoch bedeutet eine Spielregel erst einmal ein Frustrationspotenzial. Wer lässt sich schon gern beim „Mensch ärgere dich nicht" rausschmeißen und verliert für sein Leben gern beim Scrabble, Fußball oder wii-spielen?

Die Akzeptanz gegenüber Misserfolgen, das Entwickeln von Geduld, Ausdauer, Ehrgeiz und Toleranz gehören zur Frustrationstoleranz. Die Notwendigkeit, problemlösendes Verhalten zu entwickeln oder mehrere Versuche zu benötigen, um eine Aufgabe zu bewältigen, lösen bei einigen Hunden Wut und Enttäuschung aus. Das macht das Leben überaus unerquicklich, da niemals alles gelingen kann, weil es immer Rückschläge, Grenzen, Autoritäten und Notwendigkeiten gibt, die einen Weg kreuzen und verändern. Auch Menschen müssen Frustrationstoleranz üben und als Kind entwickeln, um sich tatsächlich wohl in ihrem Leben zu fühlen.

Frustrationstoleranz und Affektkontrolle liegen nah beieinander. Frustration und Enttäuschung sind starke Affekte, die das Handeln eines Individuums sehr negativ beeinflussen können. Der Unterschied zwischen den beiden Themen besteht darin, dass ein Affekt auch ein sehr positives Gefühl wie Euphorie sein kann und sich nicht auf Frustration beschränkt.

An dieser Stelle möchte ich auch den Umgang mit Ungeduld und Kontrollverlust des Hundes erwähnen. Letztendlich beschreiben alle drei Begriffe die Schwierigkeit eines Individuums, mit Misserfolgen umzugehen. Aber ebenso, wie

*Auch Hunde müssen lernen, dass sie nicht immer bekommen, was sie möchten - in diesem Fall Fleischwurst aus der Dose.*

wir Menschen ein „Glas halbvoll“- oder „Glas halbleer“-Empfinden haben, ist es auch für Hunde unterschiedlich schwer, in bestimmten Situationen mit Schwierigkeiten umzugehen. Für einige stellt eine schwierige Aufgabe, die sich erst mit einigem Nachdenken lösen lässt, eine große und positive Herausforderung dar, für andere ist die Herausforderung, Geduld zu entwickeln und mehrere Versuche zu benötigen, eine Quelle der Frustration.

Die mangelnde Geduld, das daraus folgende wut- oder enttäuschungsgesteuerte Handeln führt meist zu noch mehr Frustration, da das eigentliche Ziel nicht erreicht wurde. Menschen tun sich da ebenso schwer wie viele Hunde, wobei man klar sagen kann, dass die Veranlagung zu geringer Frustrationstoleranz, zu wenig Geduld und Problemen mit dem Gefühl des Kontrollverlustes bei einigen Hundetypen verstärkt auftritt.

Vorstehhunde sollen zwar bei Ansicht des Wildes vorstehen, das heißt in ihrer Bewegung verharren, dennoch fällt es manchen besonders schwer, geduldig mit anzusehen, wie der Futterbeutel an der Hetzangel bewegt wird, ohne dass sie ihn fangen dürfen. Häufig äußern sie ihr Missfallen lautstark.

Viele Hundetypen, die „vor dem Schuss“ arbeiten (Stöberhunde, Bracken, Meutehunde, Vorstehhunde, Solitärjäger, Windhunde) sollen eben ihrer jagdli-

*Dieser Hund äußert seinen Unmut lautstark. Es ist wichtig, ein Gleichgewicht zwischen Frustrationstoleranz und -abbau zu halten.*

chen Aufgabe nachgehen, bevor der Mensch tatsächlich zum Einsatz kommt. Die Aufgabenverteilung sieht vor, dass der Hund die Beute aufstöbert, aus dem Bau treibt, auf den Jäger zu treibt und dieser dann zum Schuss kommt. Diesen Hunden fällt es bedeutend schwerer Geduld zu entwickeln, während Herdenschutzhunde geduldig ihre ihnen anvertrauten Schafe zählen und häufig über deutlich mehr Geduld verfügen als ihr Mensch.

Einige Rassen, die zur Nachsuche eingesetzt werden oder wurden (wie Bassets oder Bloodhound) können insbesondere bei der Suche eine beispiellose Geduld und Gründlichkeit entwickeln, die anderen Hunden – sollten sie gemeinsam jagen – den letzten Nerv rauben würde.

Hütehunde und viele Hofhunde, doggenartige Hunde und Herdenschutzhunde haben häufig ein sehr großes Problem mit Kontrollverlust. Sie sind weniger flexibel und anpassungsfähiger als andere, denn es war ihre Aufgabe zu melden und anzuzeigen, wenn etwas Ungewohntes, Fremdes das Territorium bedrohte oder dem Vieh gefährlich werden konnte.

Frustrationstoleranz ist in jagdlich reizstarken Umgebungen von höchster Wichtigkeit, da sich bei den ambitionierten Hunden sehr leicht Enttäuschung und Demoralisierung entwickeln kann. Ich gehe auch äußerst ungern in eine Confiserie, wenn ich mir nicht ein paar Champagnertrüffel kaufen kann. Ich bin im Laufe meines Erwachsenenlebens aber durch Übung dahin gelangt, dass mir auch ein schöner Obstsalat schmeckt und ich nicht unglücklich über das Nicht-Essen von Trüffeln bin. Ich vergesse jedoch weder den Geschmack noch das Empfinden, wenn ich eine Tüte gekauft habe und die erste Trüffelpraline esse!

Ich erinnere mich noch sehr deutlich an ein Training mit einer jungen Münsterländer-Hündin, die von Beginn ihres Zusammenlebens mit ihren Haltern aus dem Futterbeutel nach gemeinsamen Spiel gefüttert wurde, jedoch auf einer Wiese mit „wilden“ Gerüchen nicht in der Lage war, sich auf das gemeinsame Tun zu konzentrieren. Für die Hundehalter war es erst sehr frustrierend zu erleben, dass ihre Hündin trotz des Engagements zu keiner Zusammenarbeit in der Lage war, und für die junge Hundedame entstand Frustration, weil sie trotz der Reize nicht jagdlich aktiv werden konnte.

Diese Frustration bei den Hunden zeugt davon, dass die Ersatzjagd nicht interessant und vor allem nicht wichtig genug für den Hund gestaltet wird. Wenn ein Hund nur ab und zu aus dem Beutel gefüttert wird oder nur Leckerchen daraus erhält, dann kann die damit verbundene Beschäftigung nicht wichtig sein. Diese Bewertung durch den Hund führt dazu, dass er sich nicht begeistert engagiert, sondern Ausschau nach den wirklich wichtigen Dingen im Leben hält. Zudem ist es dann vonnöten, den Hund darin zu unterstützen, die jagdlichen Reize auszublenden, um sich konzentrieren zu können (Desensibilisierung).

*Schwierigere Aufgaben fördern die Geduld und somit auch die Frustrationstoleranz.*

Für derartig von einer Fläche überforderte und leicht frustrierte Hunde veranstaltet man daher eventuell erst einmal eine spaßbetonte Hetzjagd oder lässt einen Dummy ausgraben, damit sie sich konzentrieren können und Erfolgserlebnisse haben. Wenn dann der Hund zur Zusammenarbeit in der Lage ist und die jagdlichen Reize ausblenden kann, dann kann ich den Schwierigkeitsgrad der gemeinsamen Übungen steigern, mehr Konzentration (Suche, Arbeit mit mehreren Futterbeuteln, größere Distanzen, über ausgelegte Jagdbeute hinweg apportieren usw.) einbauen.

Wenn es meinem Hund schwerfällt sich zu konzentrieren, kann ich auch damit beginnen, neben einer reizstarken Fläche auf einem Weg jagdersatzlich zu arbeiten und mich dann, scheinbar zufällig, auf die Grünfläche bewegen. Ich beginne damit, auf einem Weg apportieren zu lassen, und nähere mich dem Feld. Erst wenn mein Hund konzentriert ist, werfe ich den Beutel auf das „von Hasen verseuchte" Grünland.

Frustrationstoleranz macht es möglich, dass ein Hund zwar weiß, wie verlockend die wilde Jagd sein kann, aber sich dennoch wohl und glücklich mit einer Ersatzjagd fühlt. Besser den Spatz in der Hand als die Taube auf dem Dach! Geduld zu entwickeln, also den Affekt Ungeduld und Enttäuschung zu kanalisieren, bedeutet auch, sich in anderen reizstarken Situationen selbst kontrollieren zu können. Ist es nicht möglich, geduldig mehrere Beutel zu suchen oder einen Futterbeutel an einer Schnur aus einem Baum zu ziehen, ohne verärgert den Baum oder den fiesen Menschen, der den Futterbeutel dorthin gelegt hat, anzubellen, dann ist es auch nicht möglich, den flüchtenden Hasen laufen zu lassen und weiter dem Menschen zu folgen. Es ist wie bei jedem Trainingsinhalt auch hier wichtig, die Dosis der mutwillig zugeführten Frustration dem Hund anzupassen.

Es ist nicht sinnvoll, den Hund immer wieder zu frustrieren, seine Geduld überzustrapazieren, ohne die Situation dahingehend aufzulösen, dass ein Erfolgserlebnis mit Frustrationsabbau (Spaß plus Fressen) das Training beendet. Frustrationstoleranz zu üben, um es dem Hund zu erleichtern, den menschlichen Spielregeln zu folgen, mit dem Verlust der jagdlichen Freiheit umzugehen und sich in die Gruppe einfügen zu müssen, schafft jedoch auch mehr Möglichkeiten: Der Hund jagt mit ersatzjagdlicher Beschäftigung erfolgreicher und teamorientiert in der sozialen Gruppe. Herausforderungen und Ängste können gemeinsam bewältigt werden. Geteilter Spaß ist doppelter Spaß, geteiltes Leid ist halbes Leid.

*Mit Geduld versucht der Hund, an seinen Beutel in einem schwierigen Versteck zu gelangen.*

Auch wenn es Hunden häufig schwerfällt, ihre Menschen beispielsweise bei einer Begrüßungsübung in der Gruppe allein zu einem anderen Mensch-Hund-Team gehen zu lassen, so lernen sie doch in solchen Übungen gleich mehrere Inhalte. Der Mensch ist der Herausforderung, die Fremden begrüßen und managen zu müssen, gewachsen. Ich als Hund trage nicht die alleinige Verantwortung für unser Wohl, sondern kann gerade die spannungsgeladene Begrüßung an meinen Menschen abgeben. Und auf das Abwarten folgen gemeinsamer Spaß und Erfolg, zum Beispiel beim Apportierspiel.

Die Frustration über das freche Verhalten des eigenen Menschen, dem man vielleicht noch gar nicht zutraut, auf sich selbst aufzupassen, bricht sich vielleicht Bahn durch Bellen oder Fiepen, aber längerfristig wird mein Hund lernen, dass er sich in mir getäuscht hat und der kurzzeitigen Frustration eine positive Erwartung entgegensetzen.

Es ist natürlich wichtig, dass ich diese Übungen nicht übertreibe und in einer schwierigen Situation mehr Distanz zu der Frustration auslösenden Gruppe (im Falle der Begrüßungsübung) aufnehme und genau schaue, den Grad zu finden, sodass mein Hund mit erhobenem Haupt vom Platz gehen kann und sich keine längerfristige Überforderung einstellt. Dann würde aus kurzzeitiger Frustration dauerhafte Wut und Enttäuschung und der Affekt kann sich in eine dauerhafte Emotion verwandeln, in ein negatives Lebensgefühl, das sich gegen den Hund selbst und/oder gegen den Halter oder andere Menschen richtet.

Es ist empfehlenswert, die Frustrationstoleranz und Affektkontrolle meines Hundes anhand dafür sinnvoller Übungen zu testen. Lässt mein Hund mich frei bewegen (gehen, joggen, laufen, stoppen), ohne mich zu kontrollieren oder mich zu korrigieren? Erträgt mein Hund einen Bewegungsreiz und akzeptiert, dass er ihm nicht folgen sollte (Ball, Futterbeutel an Hetzangel, geschossener Treibball, an Schnur gezogenes Fell)? Hat mein Hund die Geduld, einen Futterbeutel aus einem schwierigen Versteck mit Geduld „heraus zu operieren“ (Beispiel: Ein Stück Regenrohr mit Futterbeutel und Zeitung ausgestopft)? Fällt es ihm schwer, mich um Hilfe zu bitten, wenn er eine Aufgabe nicht bewältigt (Futterbeutel an Expander-Seil in Baum gehängt, Hund kommt nicht heran, Mensch kann Seil herunterziehen) und kommt er dann zu mir oder verbellt er wütend die ganze Welt?

Wenn mein Hund über Frustrationstoleranz verfügt und seine Affekte einigermaßen kontrollieren kann, dann sind wir auf bestem Wege, gemeinsame Spielregeln auch im jagdlichen Bereich etablieren zu können: Wir jagen Ersatzbeute, das Reh darf gehen. Schafft mein Hund die oben beschriebenen Aufgaben nicht, weil er zu ungeduldig ist oder mir nichts zutraut, Angst hat, sein Gesicht zu verlieren, oder es schlicht nicht einsehen will, dass ich die Spielregeln für uns beide mache, dann brauche ich noch nicht über Jagdkontrolle an echtem Wild nachzudenken.

In der Humanpädagogik spielt das Thema Frustrationstoleranz ebenfalls eine große Rolle. Nicht einig sind sich Pädagogen allerdings über den Beginn der dazu gehörigen erzieherischen Maßnahmen. Sowohl für Kinder als auch für Hunde ist es wichtig, dass sie ihre Bezugspersonen als emotional verlässlich erleben und sich die Sinnhaftigkeit der Erziehung erschließt. Ausgehend vom Welpen beginne ich bereits beim Spiel mit Artgenossen regulierend und moderierend einzugreifen. Zu grobes Vorgehen gegen die Artgenossen (und Menschen) wird mit Stupsen, Knurren und/oder „Nein" tabuisiert und der Welpe lernt, sich gruppenkonform zu verhalten. Sowohl die Regulierung des eigenen Verhaltens als auch das der anderen Welpen ermöglicht ein harmonisches Spiel untereinander und die Welpen lernen innerhalb sehr kurzer Zeit, die Eingriffe des Menschen zu schätzen.

In dem eigenen Verhalten beeinflusst und begrenzt zu werden („ich darf nicht an anderer Hunde Ohren ziehen"), bedeutet zwar erst mal Frustration, im Umkehrschluss aber auch Schutz, da die anderen auch begrenzt werden („die anderen dürfen auch nicht an meinen Ohren ziehen"). Die Sicherheit bei seinem Menschen zu finden und trotz notwendiger Regulierung/Korrektur geliebt und beschützt zu werden, lässt unsere Hunde eine sichere Bindung zu ihren Menschen aufbauen. Entscheidend ist, dem Hund nach dieser Verhaltenskorrektur zu vermitteln, dass ich zwar das Verhalten nicht toleriere, aber ihn trotzdem liebe.

Bei Kindern ist dies ebenso. Wenn ich einem Kleinstkind auf dem Arm die Hände herunter drücke, die sich gerade schmerzhaft in meine Haaren verkrallen, und dazu ein vernehmbares „Nein" mit einem ernsten Gesicht äußere, kann mein Kind soziale Regeln lernen, die ihm später helfen, sich in seiner sozialen Gruppe (Kindergarten, Schule, Familie, Beruf) zurechtzufinden.

Beginnt man mit Kindern und Hunden erst zu einem bestimmten Zeitpunkt (zum Beispiel mit einem Jahr) mit dieser Erziehung, wird das Individuum dies als willkürlich empfinden, da es vorher andere Erfahrungen mit mir gemacht hat. Spielregeln gibt es also für den Hund von der ersten Sekunde unseres Zusammenlebens. Spielregeln gelten im Haus und draußen im Leben, im Sozialkontakt und bei der Ersatzjagd, im Straßenverkehr und beim Kuscheln.

## Systematische Annäherung an jagdliche Reize unter Kontrolle

In den vergangenen Kapiteln habe ich versucht zu erklären, dass man sich der Thematik „Jagdkontrolle“ von unterschiedlichen Punkten her nähern kann.

Ein tatsächlicher jagdlicher Reiz in seiner ganzen Komplexität ist sehr vielschichtig. Er spricht nicht nur einzelne Sinne an, sondern gleich mehrere und ist so viel weniger leicht zu kontrollieren als die zuvor beschriebenen dosierten Reize.

*Jagdkontrolle sollte in kleinen Schritten aufgebaut werden. Zu Beginn empfiehlt sich eine Attrappe.*

Ich füge jetzt also wieder zusammen, was ich in den vorangegangenen Trainingsschritten getrennt habe. Gerüche, Akustik, Optik und Umgebungsreize. Dies kann ich zum Beispiel im Wildpark tun. Zur Grundausstattung für einen Besuch im Wildpark gehören auf jeden Fall eine 5-Meter-Leine, bei einem sehr stark ambitionierten Hund ein Brustgeschirr, an dem ich die Leine befestigen kann, Futterbeutel mit Hetzschnürchen versehen und Wasser für den Hund. Für den Besuch suche ich mir Tage und Zeiten aus, an denen wenig los ist.

Die Sommerferien kann ich entweder gleich aus meinem Trainingsplan streichen oder weiche in die frühen Morgenstunden aus. Es empfiehlt sich zudem, die Fütterungszeiten der Tiere vorher zu studieren, um mich an entsprechenden

*So bitte nicht: Grundsätzlich sollte man keinen Kontakt zwischen Hund und potenziellem Beutetier zulassen, denn so baut man die jagdliche Hemmschwelle ab.*

Gehegen zur Fütterungszeit einzufinden und sicherzustellen, dass die Tiere auch zu sehen sind. Steht mein Hund in diesem Trainingskapitel allerdings noch ganz am Anfang, dann ist es ratsam, die Fütterungszeiten zu umgehen, da die massive Präsenz der Wildparkbewohner wahrscheinlich eine Reizüberflutung darstellen würde.

Für die verschiedenen Hundetypen haben die Wildtiere auch eine unterschiedlich große Reizwirkung. Dabei kann man deutlich unterscheiden, ob das Zwergkaninchen als Beutetier sehr gut geeignet oder der Iltis als Nahrungskonkurrent gemeint ist. Nahrungskonkurrenten, wie zum Beispiel auch Katzen, werden häufig unbarmherzig verfolgt. Die Hunde sind massiv angespannt und äußerst gereizt. Bei Beutetieren zeigt sich eher eine hysterische Euphorie, aus der ich meinen Hund befreien möchte, um bewusste Emotionen möglich zu machen, die zu gemeinsamem Erfolg führen.

Ein einzelner, kleiner Hund hat ein anderes Beuteschema als „Großwildjäger“. Ich habe zwei kleine Pudel erlebt, die sich sogar massive Sorgen um ihr Frauchen machten, als diese in ein Rehgehege ging und die beiden in meiner Obhut zurückließ. Die Zwergpudeldame versuchte den Zaun des Geheges zu zerfetzen, um ihre Besitzerin zu retten.

Hunde, die zur „Großwildjagd“ gezüchtet wurden, haben eine unterschiedliche Art der Annäherung. Hetzen, Brackieren, Revieren und Spurensuche sind nur einige davon. Wenn ich um das Beuteschema meines Hundes weiß, kann ich mich langsam an den schwersten Wildreiz heranarbeiten. Ich beginne sicherlich nicht mit einem Terrier vor einem Kaninchengehege, sondern eher bei größeren Beutetieren, die ein langsameres Bewegungsschema und einen etwas weniger reizvollen Geruch aufweisen. Einen Golden Retriever mit einer Entenfütterung zu konfrontieren ist sicherlich eher die letzte Stufe der Annäherung.

Wenn es für meinen Hund einen sehr großen olfaktorischen Reiz darstellt, sich überhaupt auf dem Gelände eines Wildparks zu bewegen, beginne ich damit, mir die erste Bank hinter dem Eingang zu suchen, mich dort mit meinem Hund ein Weilchen hinzusetzen und dann Futterbeutel apportieren zu lassen. Schafft mein Hund diese Herausforderung nicht, dann sollte ich in meinen Trainingsschritten zurückgehen und die jagdlichen Gerüche in einem einfacheren Umfeld erneut desensibilisieren, losgelöst von der reizstarken Umgebung des Parks. Stellt es jedoch für mein Mensch-Hund-Team kein Problem mehr dar, sich im Park miteinander auf den Wegen zu bewegen und kann der Hund dort apportieren oder vielleicht sogar schon eine Menschenspur (Mantrailing) oder Aromaspur suchen, kann ich eine weitere Trainings-Stufe einbauen.

Ich nähere mich mit meinem Hund einem Gehege und beobachte genau, wie er sich verhält. Gehen die Ohren nach vorn, baut er Körperspannung auf oder geht er gar in die Leine, lasse ich die Leine kontrolliert bis kurz vor dem Ende aus der Hand gleiten und bewege mich rückwärts von meinem Hund und dem Gehege weg. Mit einem Zupfen an der Leine und einer freundlichen hörbaren

*Dieser Hund hat schon gelernt, sich für die Ersatzjagd und gegen das Wild (Schwan) zu entscheiden.*

Ansprache, eventuell mit einem vorher etablierten Pfiff, versuche ich, meinen Hund von dem Wild wegzurufen. Dreht er sich zu mir um, lasse ich ihn entweder in die entgegengesetzte Richtung apportieren oder biete ein Hetzspiel an. Ich kombiniere die Ansprechbarkeit mit einem adäquaten Ersatzangebot.

Hat mein Hund das leicht annehmen können, kann ich mich dem Gehege erneut nähern und eventuell davor auf und ab gehen. Die Ansprechbarkeit meines Hundes ist der Grad dafür, wie lang ich mich vor dem Gehege aufhalte. Schafft er es nicht, sich innerhalb der 5-Meter-Distanz der Leine zu mir zurückzubewegen, vergrößere ich die Distanz zum Gehege und versuche den Punkt zu finden, wo wir wieder gemeinsam aktiv werden können. Dabei gehe ich weiter rückwärts von dem Wild weg, um zu sehen, wann mein Hund in welcher Entfernung zum Gehege sich zu mir umwenden kann, und um meinem Hund beim Umwenden sehen zu lassen, dass ich die Situation nicht aus den Augen verliere. Nur dann kann er verstehen, dass ich den Reiz zwar wahrgenommen, aber mich für uns dagegen entschieden habe.

Zu Beginn des Annäherungstrainings ist es sehr wichtig genau zu beobachten, ob ich meinen Hund nicht überfordere. Einige Hunde zeigen keine so deutliche Reaktion auf Wild, aber sie sind sehr angespannt. Sie verfügen zwar schon über ein gehöriges Maß an Selbstkontrolle, bei Überforderung kann dies jedoch wieder in Aktionismus und Hysterie kippen.

### ÜBER- UND UNTERFORDERUNG

*Die Grenze zwischen Über- und Unterforderung ist sowohl von der Hunderasse und ihrer Veranlagung als auch von dem individuellen Charakter des Hundes und meinem Training abhängig.*

Auch bei dieser Trainingseinheit ist es sinnvoll, einen Bekannten zu bemühen einen Mini-Film meines Hundes und mir zu erstellen, um die Reaktionen meines Hundes zu studieren.

Wenn im Verlauf des Trainings das Wegrufen vom Wild keine große Herausforderung mehr darstellt, kann ich beginnen, den Futterbeutel in Richtung des Geheges zu werfen, ihn zuerst selbst zu apportieren, dann meinen Hund zu schicken. Das bewusste Aufnehmen des Beutels und das Abwenden von der potenziellen tierischen Beute stellt eine Entscheidung dar, die der Hund nicht aus dem Affekt, sondern aus einem kognitiven Prozess heraus trifft. Das Apportieren (natürlich angeleint) auf einem Deich voller frei laufender Schafe oder in einem zugängigen Rehgehege ist wohl die letzte Vorstufe vor der Ersatzjagd mit schleppender Leine in freier Wildbahn (wo dies gestattet ist).

## Umlenksignale

Als Umlenksignal ist ein Stopp mit gleichwertiger Ersatzhandlung gemeint. Parallel zu dem Ausbau der Annäherung an jagdliche Reize ist es empfehlenswert, Umlenksignale zu etablieren, falls dies nicht bereits geschehen ist. Ein Stoppsignal stellt auf der einen Seite eine Notfallmaßnahme dar, bereichert auf der anderen Seite aber zudem das Jagdersatztraining ungemein. Wenn ich meinem Hund ein Hetzspiel anbiete und ihn dabei mittels Pfiff oder gesprochenem Signal stoppen kann, um dann einen anderen Dummy zu werfen, gestaltet sich das Training viel interessanter, als wenn ich immer nur Hetzen, Werfen, Apportieren oder Suchen anbiete. Die komplexen Abläufe fordern sowohl Mensch als auch Hund geistig und bereichern das Miteinander.

Ich erlebe es sehr oft, dass Menschen ein Stoppsignal beim Hetzspiel an der Angel oder beim Apportieren einbauen, der Hund daraufhin die Handlung unterbricht und dann wieder weitermachen darf. Ich kann bei diesem Aufbau allerdings nicht erwarten, dass er auf mein Signal hin die Jagd auf ein Reh abbrechen wird, da er ja sonst auch seine Handlung nach einer Pause fortsetzen darf. Er wird also auf die Pause verzichten, um dem Reh nicht unnötig viel Vorsprung zu verschaffen, und wird sich fragen, wann wir endlich verstehen, wie Jagd tatsächlich funktioniert.

*Auf das Stopp-Signal hin hält dieser Border Collie inne, lässt seinen Futterbeutel fallen und reagiert auf das Signal zum Ablegen.*

Wollen wir ein zuverlässiges „Stopp“ erreichen, was im Notfall sowohl dem Reh als auch dem Hund das Leben retten kann, müssen wir das „Stopp“ als Umlenksignal verstehen: Unterbrich die eine Handlung, um eine andere, interessantere (im Optimalfall) stattdessen zu tun! Es ist daher empfehlenswert, mit einem Stopp beim Apportieren des Futterbeutels zu beginnen.

Wenn mein Hund von mir zum Apportieren geschickt wird und mit dem Beutel im Fang auf mich zukommt, trete ich ihm einen Schritt entgegen, fixiere ihn mit Blicken, gebe ein Handsignal (offene, erhobene Hand) und ein akustisches „Stopp“ (Wort oder Trillerton der Pfeife). Einige Hunde lassen daraufhin erstaunt den Beutel fallen und gucken ihren Menschen an. Daraufhin wird umgehend der Beutel an der Hetzschnur aus der Tasche gerissen und ein begeistert angefeuertes Hetzspiel begonnen.

Wichtig ist dabei, dass es einen Blickkontakt gegeben hat (soll ich/darf ich?). Lässt ein Hund den Beutel nicht fallen und ist felsenfest davon überzeugt, dass wir uns etwas sehr Seltsames ausgedacht haben, gehe ich mit wiederholtem akustischen „Stopp“-Signal weiter auf ihn zu. Erst wenn mein Hund (auch wenn es dauert) den Beutel fallen gelassen hat, beginne ich die Ersatzhandlung.

Zu Beginn sollte das Ersatzangebot immer spannender und lohnenswerter sein als die Ausgangshandlung, damit der Hund sich längerfristig über ein „Stopp“ freut und sich nicht genervt dagegen entscheidet. Natürlich darf ich

*Der Laika legt sich auf das Stopp-Signal trotz bewegter Beute (Fell) an der Reizangel ab.*

meinen Hund nicht bei jedem Apport mit einem „Stopp“ belästigen, da dies in einer Verweigerungshaltung enden könnte. Bei etwa jedem fünften Mal ist dies zu Beginn jedoch eine gute Frequenz.

Erst wenn es meinem Hund nicht mehr schwerfällt, beginne ich mit dem „Stopp“ auf dem Weg zum Dummy. Dafür werfe ich den Dummy zuerst schräg hinter mich, damit ich meinem Hund eventuell, sollte er sich gegen mein „Stopp“ entscheiden, in den Weg treten kann. Auch hierbei kommt als Ersatzangebot das Hetzspiel zum Einsatz.

Wenn wir beide, Hund und Mensch, diese „Stopps“ sicher beherrschen und mein Hund daran Spaß gefunden hat, sich vielleicht sogar schon begeistert zu Boden wirft, weil ich „Stopp“ mit dem „Down“-Signal verknüpft habe (erst „Stopp“ und dann nach „Down“ erst das Ersatzangebot), stoppe ich meinen Hund bei seinem Lieblingsspiel. Ist der liebste Sport des Hundes die Hetzjagd, habe ich es relativ leicht, da ich die Angel im Notfall hochnehmen kann, um zu verhindern, dass mein Hund sich „widerrechtlich“ die Beute schnappt. Liebt mein Hund jedoch die Suche auf freiem Feld, muss ich eventuell jemanden in der Nähe des ausgelegten Beutels positionieren, damit er den Beutel aufnehmen kann, sollte mein Hund nicht auf das „Stopp“ reagieren.

Viele Hunde haben das Gefühl, dass sie sich dem Menschen entziehen können, sobald sie sich in einer bestimmten Distanz zu ihm befinden. Das können wir unseren Hunden auch nicht übelnehmen, da ihre Erfahrungen mit uns genau dies bestätigen: Wir haben keinen Zugriff, wenn sie aus unserer Reichweite heraus sind. Auch dies ist ein Argument für das Training an der langen Leine.

Ich selbst lasse meine Hunde eigentlich grundsätzlich die Beutel erst apportieren, wenn ich sie mit mehreren „Stopps“ auf etliche Beutel geschickt habe und sie mir diese entweder ein Stück entgegentragen oder sie liegen lassen und zu einem anderen laufen oder beim Hetzen stoppen.

„Stopp“-Signale lieben meine Hunde, sie sind voll freudiger Erwartung und auch mein überaus jagdlich veranlagter spanischer Windhund-Vorstehhund-Mix ließ sich gerade vor ein paar Tagen mit einem „Stopp“ von einem Vogel wegrufen, der ihm fast ins Maul geflogen wäre (gerade flügge gewordene Amsel). Das wäre zu Beginn unserer gemeinsamen Ersatzjagd-Karriere undenkbar gewesen.

Wenn ein „Stopp“-Signal mittels Gehorsam und Unterordnung konditioniert wurde, ohne dass dabei Freude verknüpft wurde, wird der Hund jede Chance nutzen, sich diesem zu entziehen – entweder wenn er weit weg genug ist, wenn er den Menschen für unaufmerksam hält oder wenn das Ausbildungsinstrument (Strom, Wurfschelle usw.) nachvollziehbar für den Hund entfernt wurde. Meideverhalten auszulösen sollte kein Mittel unserer Wahl sein und löst das Problem des Hundes nicht.

## Leinenabbau

Alle beschriebenen Trainingssequenzen bauen wir an der langen Leine auf. Sie ermöglicht uns, mit unserem Hund zu kommunizieren, den Aktionsradius kontrolliert zu erweitern und kann als Schleppleine verwendet werden, sobald mein Hund im Leinenradius sicher mit mir zusammen arbeitet. Doch wie komme ich dahin, auch ohne Leine mit meinem Gefährten unterwegs sein zu können?

Grundsätzlich sollte mein stark jagdlich veranlagter Hund von mir erwarten können, dass ich irgendwo auf unserem Ausflug eine Ersatzjagd für ihn geplant habe, über die er sich freuen und bei der er Erfolgserlebnisse haben darf. Ohne diese Erfahrung gibt es keinen Grund, warum mein Hund mich im Nahbereich begleiten und auf eine wilde Jagd verzichten sollte. Sind wir jedoch erfolgreich gemeinsam an der langen Leine unterwegs und kann ich mir sicher sein, dass mein Hund in jeder Situation zur Zusammenarbeit in der Lage ist, dann kann ich die Leine als Schleppleine einsetzen. Dafür empfiehlt sich eine Biothane-Leine aus einem speziellen Gummi, die sich nicht voll Wasser saugt und die ich mit einem Taschentuch problemlos abwischen und so wieder „handelbar“ machen kann. Durch die kontrollierte Arbeit miteinander an der Leine hat mein Hund erfahren, dass ich zwar nicht so schnell und geschickt wie er bin, ihn jedoch kommunikativ angemessen begrenzen kann. Trotz der Begrenzung haben wir gemeinsam Erfolg bei unseren Unternehmungen und die Leine konnte so positiv verknüpft werden.

*Die Hunde folgen an kurzen Schleppleinen auf dem Weg zur Ersatzjagd.*

Ich kann mich jetzt also mit Leinenabbau beschäftigen. Dafür gibt es mehrere Herangehensweisen, von denen ich zwei vorstellen möchte. Bei beiden ist Voraussetzung, dass ich dies konsequent umsetze und versuche zu analysieren, wie mein Hund Situationen empfindet und bewertet und was die Leine in dem jeweiligen Zusammenhang für eine Bedeutung hat.

Ich kann die Leine systematisch schrittweise abbauen, indem ich wöchentlich ein kleines Stückchen abschneide und sie weiter als Schleppleine verwende. Bei dieser Vorgehensweise bemerkt mein Hund im besten Falle gar nicht, dass die Leine sich verkürzt. Die Optik und das gefühlte Gewicht der Leine verändern sich so langsam, dass das Gefühl des „Angeleintseins" bestehen bleibt. Zum Schluss des Leinenabbaus trägt mein Hund dann nur noch einen Karabiner an seinem Halsband, den ich vor der gemeinsamen Aktivität anklicke. Emotional hat sich aber nichts verändert. Die Wahrnehmung bleibt „angeleint", also begrenzt.

Wir müssen kein schlechtes Gewissen haben, weil wir unsere Hunde begrenzen. In der Natur sind sie als Junghunde langsamer als die erziehenden Eltern und werden als erwachsene Tiere durch die Hierarchie in ihrem Handeln und Verhalten begrenzt. Ein rangniedrigeres Tier hat weniger rechte und weniger Verantwortung als ein ranghohes Tier. Da wir unseren Hunden ja nicht die Führung unseres Familienrudels überlassen können, müssen wir uns wohl oder übel mit dem Thema Begrenzung beschäftigen, um unseren Führungsanspruch nachvollziehbar zu machen.

Gegen die Vorgehensweise des systematischen schrittweisen Leinenabbaus spricht, dass man an den meisten Orten verpflichtet ist, seinen Hund an der Leine zu führen und durch den Gewichtsunterschied „Leine dran" und „Leine nicht dran" bemerkt mein Hund dann doch, wann ich bluffe und die Begrenzung aufgehoben ist.

Die zweite Vorgehensweise zum Leinenabbau ist eigentlich die anspruchsvollere und komplexere Variante, obwohl sie auf den ersten Blick einfacher erscheint. Ich verwende mehrere Leinenlängen in unterschiedlichen Situationen und passe meine Leinenverwendung dem jeweiligen Trainingszustand und der Umgebung der gemeinsamen Aktionen an. Das setzt zweierlei voraus: Mein Hund sollte auf jeden Fall eine positive Leinprägung haben, das bedeutet, dass er nicht nur Begrenzung mit der Leine verknüpft, sondern umso mehr auch angenehme Erfahrungen. Dafür leine ich meinen Hund zum Füttern an, sogar wenn ich die Leine eigentlich schon abgebaut habe, kuschele schon mit Welpen an der Leine, spiele mit meinem Hund an der Leine bzw. die Ersatzjagd findet angeleint statt.

Bin ich in einem gewohnten Umfeld mit nur wenig jagdlichen Reizen unterwegs, verwende ich nur eine kürzere Schleppleine (2 oder 2,50 Meter), in anspruchsvolleren Umgebungen behalte ich die 5-Meter-Leine noch in der Hand. Je weiter mein Hund und ich uns im Training entwickeln, desto häufiger kann ich eine kürzere Leine in schwierigeren, reizstärkeren Umgebungen verwenden.

Ich starte manchmal sogar mit einer 7-Meter-Leine, um mit einem Hund ein Hetzspiel an der Angel machen zu können, ohne dass der Hund ständig an das Ende der Leine gerät. Bemerke ich, dass der Hund trotz Außenreizen beim Hetzspiel nicht abgelenkt wird, kann ich auf eine 5-Meter-Leine umsteigen.

Im Verlauf der gemeinsamen Entwicklung werde ich dann immer häufiger ohne oder nur mit einer ganz kurzen Leine arbeiten können (abhängig von der örtlichen Gesetzgebung). Schätze ich jedoch unseren Trainingsstand falsch ein und mein Hund hat wilden Jagderfolg – und dazu zählt auch eine nicht vollendete Jagd („nur“ Hetzen ist auch Jagderfolg, auch ohne Töten) – dann fange ich eventuell fast bei Null wieder an. Dieses Risiko kann ich nur eingehen, wenn ich sehr gewissenhaft alle Trainingsschritte, inklusive des Aufbaus des Umlenksignals, verfolgt habe.

Grundsätzlich ist es ganz wunderbar, mit einem Hund frei arbeiten zu können, und ich freue mich jeden Tag, meine Hunde dabei beobachten und unterstützen zu können. Ich gehe jedoch keine Risiken ein und kann meine Hunde inzwischen sehr gut einschätzen. Wir sollten von und mit unseren Hunden lernen!

*Nach dem Leinenabbau gemeinsam sicher durch Feld und Wald streifen – ein lohnendes Ziel für Mensch und Hund.*

# Hunde in jagdlicher Verwendung

Ich freue mich, wenn Jäger mit ihren Hunden zu uns in die Hundeschule kommen und bereit sind, sich über ihr erlerntes Wissen hinaus auch andere Ansätze zur Hundeerziehung ansehen möchten. Hunde, die jagdlich geführt werden und regelmäßig mit ihren Jägern im Revier unterwegs sind, sind wahrscheinlich ausreichend beschäftigt und das Thema Ersatzjagd ist kaum relevant. Doch solche Mensch-Hund-Teams gibt es relativ selten.

Viele Menschen haben einen Jagdschein und gehen mit Freunden oder Bekannten in deren Revier gelegentlich auf die Jagd. Der Hund ist im besten Fall gut ausgebildet und lebt in der Familie und nicht im Zwinger, hat jedoch in der meisten Zeit seines Lebens keinen Job, keine sinnvolle Aufgabe. Diese Hunde werden häufig genauso spazieren geführt und „laufen" gelassen wie andere Hunde auch, haben aber eine noch geringere Hemmschwelle, auf „wilde" Jagd zu gehen als nicht jagdlich geführte Hunde, da sie ja systematisch an die Jagd herangeführt wurden.

Ich erinnere mich noch sehr schmerzlich daran, wie ich an meinem alten Wohnort in Hamburg erleben musste, wie ein Deutsch Langhaar im Rausch eine Katze getötet hat. Seine Halterin stand dem hilflos gegenüber und erklärte hinterher, dass der Hund von ihrem Mann jagdlich geführt würde und eigentlich gut hören würde. Das konnte die tote Katze leider nicht bestätigen. Es ist Nicht-Jägern nicht gestattet, jagdliche Arbeit mit Hunden zu machen, da ihnen die Ausbildung dazu fehlt. Wir Nicht-Jäger wissen normalerweise wenig über Hege und Jagd und so ist dieses Tabu sicherlich recht sinnvoll.

Für die Hunde besteht jedoch ein großer Bruch zwischen ihrem Alltag in ihren Familien und der jagdlichen Arbeit. Daher halte ich es für äußerst sinnvoll, auch mit jagdlich geführten Hunden Ersatzjagd zu machen: Täglich in den Alltag eingebaut fördert es die Teamarbeit und lastet den Hund geistig und körperlich aus. Ein weiterer großer Vorteil der ersatzjagdlichen Arbeit mit dem Hund ist die positive Überwindung der Frustration des Beutetabus.

*Auch jagdlich geführte Hunde haben es verdient, eine sinngebende Ersatzbeute angeboten zu bekommen. Ein Gummitier ist nur ein Spielzeug.*

Jagdlich geführte Hunde sollen die Beute hetzen, nachsuchen, finden und eventuell sogar apportieren. Sie dürfen die Beute jedoch nicht „anschneiden“, das heißt hineinbeißen. Ein wesentlicher Bestandteil des Beuteverhaltens, der positive Abschluss für einen Beutegreifer, das Zerreißen und Fressen der Beute ist absolut untersagt, wird streng tabuisiert. Es ist jedoch problemlos möglich, dem Hund zu erklären, dass zwar die wilde Beute nicht angeschnitten und gefressen werden darf, der Futterbeutel jedoch eine Alternative dazu darstellt. Der Mensch hat seine Beute, an deren Erwerb der Hund mitwirken darf, und der Hund hat seine Beute, die er nach getaner Arbeit erhält.

Vor wenigen Tagen haben wir in der Welpengruppe eine jagdlich geführte Spinone Italiano-Hündin eine an der Schnur gezogene (tote, tiefgefrorene) Taube suchen, finden und apportieren lassen. Als sie die Taube zerbeißen wollte, hat sie einen menschlichen Knurrer zu hören bekommen und beim Loslassen der Taube gab es ein Hetzspiel mit dem Futterbeutel. Beim zweiten Apportierversuch hat sie die Taube in Richtung ihres Menschen getragen, sie ein Stück davor losgelassen und hat dann ein Spiel mit dem Futterbeutel und abschließendem Fressen aus dem Dummy abgeschlossen.

Der Frustration wegen des Beuteverlustes wird vorgebeugt und es herrscht dennoch Klarheit zwischen Mensch und Hund. Zudem lassen sich Signalstrukturen mittels des Futterbeutels leichter aufbauen (zum Beispiel ist das Stopp an der Hetzangel mit Futterbeutel besser zu kontrollieren und zu üben als am Wild).

Ich kann gut verstehen, dass viele Jäger der Ersatzjagd erst einmal skeptisch gegenüber stehen. Ich hoffe jedoch, dass drastisches Beutetabu, Zwangsapport und Teletakt bald der Vergangenheit angehören werden. Den Hund zu überzeugen ist immer besser und dauerhafter, als ihn unterzuordnen oder zu brechen.

Jagdliche Erziehung beginnt im Optimalfall schon beim Züchter und endet niemals. Ein Hund ist nicht innerhalb von vier Wochen fertig erzogen und es sollte unseren Ehrgeiz herausfordern, ihn so auszubilden, dass er begeistert und angstfrei an der Jagd des Menschen teilhaben kann. Es zeugt von Größe, die eigenen Methoden zu hinterfragen und sich auf der Grundlage des angeeigneten Wissens (Jagdschein) weiterzuentwickeln.

Einem Hund kann nichts Besseres passieren, als bei einem aktiven und pädagogisch versierten Jäger (nicht im Zwinger) zu leben, der sowohl das Wohl des Hundes als auch die Hege des Wildes im Auge hat.

# Anhang

## Nachwort

Im Verlauf der Arbeit an diesem Buch ist das Thema eigentlich immer größer geworden und ich habe festgestellt, dass ich zu einigen Kapiteln viel mehr schreiben könnte. Aber ich wollte versuchen einen Bogen von der Geschichte und Veranlagung zur Praxis zu schlagen und mir erschien die Beschränkung im Text sinnvoll, um nicht zu ausufernd zu werden. Die pädagogischen Grundsätze, die ich in diesem Buch vertrete, sind der Human-Psychologie und Pädagogik entlehnt und viele Hundefachleute sind sicherlich der Meinung, dass dieser Transfer nicht berechtigt sei.

Erziehung ist immer Teil einer Beziehung zwischen zwei Individuen und findet in einer sozialen Gruppe statt. Ob die Art der Beziehung Lehrer/Schüler, Eltern/Kind oder Mensch/Hund ist, entscheidet darüber, welche erzieherischen Inhalte thematisiert werden, jedoch nicht darüber, welche Qualität diese Beziehung hat. Es gibt großartige Lehrer und schlechte Lehrer, unglaublich viele Erziehungsstile und Fachleute, die sich darüber Urteile erlauben. Was aber grundsätzlich Kinder und Tiere betrifft: Sie können sich ihre Erzieher nicht aussuchen. Sie sind darauf angewiesen, dass wir nach bestem Wissen und Gewissen mit der uns gestellten Aufgabe umgehen.

Ein Individuum, das von uns abhängig ist, hat ein Recht darauf, nicht nur angemessen auf seine zukünftigen Aufgaben vorbereitet zu werden, sondern auch individuell wahrgenommen und verstanden zu werden. Wenn wir Menschen uns bei Kind und Hund mit „Zielverhalten" beschäftigen und Verhalten bestätigen oder abstellen wollen und nicht das Individuum fördern, begehen wir Unrecht. Wir beeinträchtigen unser Gegenüber. Wir erwachsene Menschen sollten uns, genau wie Kinder, immer wieder fragen, „warum" passiert etwas. Erst in dem Verstehen der Gründe für ein Handeln oder einen geistigen oder seelischen Zustand liegt die Chance der Weiterentwicklung.

Wir sollten unbedingt damit beginnen, unsere Hunde als das wahrzunehmen was sie sind: individuelle Persönlichkeiten mit einer genetisch verankerten Veranlagung, die sich wünschen, Hund sein zu dürfen.

## Danksagung

Es ist großartig, am Ende eines Buches all denen zu danken, ohne die es nicht entstanden wäre. Ich danke meiner Frau Nina für die Geduld während der vergangenen Monate, die wunderbaren Fotos, die kritischen Anmerkungen und den Glauben daran, das ich etwas Gutes und Sinnvolles zustande bringen würde!

Ich freue mich sehr über das Vertrauen des Verlags Oertel+Spörer und der Kunden und Bekannten, die mir Fotos ihrer geliebten Hunde zur Verfügung gestellt haben. Die Erfahrungen, die ich mit den Teams, die bei uns trainieren, machen durfte, haben dies erst möglich gemacht.

Ich danke Jan Nijboer nicht nur für das Geleitwort, sondern grundsätzlich für den Anstoß, Hunde anders zu betrachten, als ich das ein Leben lang bis zu meiner Ausbildung zur Natural Dogmanship Instruktorin getan habe.

Der Austausch mit meinen Kolleginnen Johanna Lentz, Bettina Mutschler und Kerstin Raupach hat meine Sichtweise auf die Spezies und das Individuum Hund unglaublich erweitert. Vielen Dank!

Ohne die frühkindliche Förderung durch meine Eltern, die sich, sobald ich sprechen konnte, meine Geschichten anhören und für mich aufschreiben mussten, wäre ich nicht dazu gekommen zu schreiben, zu denken und zu träumen. Daher weiß ich, was Pädagogik, Förderung, Vertrauen und Liebe für die individuelle Veranlagung und das Selbstgefühl einer Person bedeuten. Danke!

# Quellen und Literaturverzeichnis

Bekoff, Marc und Pierce, Jessica: **Vom Mitgefühl der Tiere.** Kosmos, Stuttgart 2011.

Boulanger, Robert und Trautmann Zenoni, Gabriella: **Mantrailing – Teamarbeit mit Nase und Verstand.** Oertel+Spörer, Reutlingen 2013.

Buddenbrock, Andrea, Freiin von: **Mantrailing für den Realeinsatz.** Kynos, Mürlenbach 2006.

Ditterich, Sabine: **Mantrailing für Jederhund.** 2009.

Eibl-Eibesfeldt, Irenäus: **Grundriss der vergleichenden Verhaltensforschung.** Piper & Co., München 1980.

Esser, Johanna: **Hunde erziehen. Die besten Hundetrainer Deutschlands.** Müller Rüschlikon, Stuttgart 2010.

Feddersen-Petersen, Dorit Urd: **Hundepsychologie.** Kosmos, Stuttgart 2004.

Feddersen-Petersen, Dorit Urd: **Ausdrucksverhalten beim Hund.** Kosmos, Stuttgart 2008.

Hespeler, Bruno: **Jagdwissen kompakt.** BLV Buchverlag, München 2010.

Jadatz, Klaus: **Der moderne Gebrauchshund.** Oertel+Spörer, Reutlingen 2014.

Jansen, Karin: **Rhodesian Ridgeback richtig verstehen.** Diplomica Verlag, Hamburg 2013.

Jansen, Karin: **Rassespezifisches Territorialverhalten beim Hund.** Oertel+Spörer, Reutlingen 2013.

Juul, Jesper: **Aus Erziehung wird Beziehung.** Herder, Freiburg 2005.

Kolbe, Katrin und Lehari, Gabriele: **Nasenarbeit.** Oertel+Spörer, Reutlingen 2013.

Koslowski, Sabine: **Schweizer Sennenhunde.** Oertel+Spörer, Reutlingen 2009.

Knötzele, Peter: **Der Hund ist des Thrones wert.** Oertel+Spörer, Reutlingen 2011.

Krämer, Eva-Maria: **Der neue Kosmos-Hundeführer.** Kosmos, Stuttgart 2002.

Lehari, Gabriele: **400 Hunderassen von A-Z.** Ulmer, Stuttgart 2013.

Lehne, Anke: **Zeitgemäße Jagdhundeführung.** Oertel+Spörer, Reutlingen 2013.

Liebeck, Christiane: **Mantrailing.** Cadmos, Brunsbek 2006

Müller, Anja Carmen und Lehari, Gabriele: **Der Therapiehund.** 2. Aufl. Oertel+Spörer, Reutlingen 2013.

Müller, Manfred: **Der leistungsstarke Fährtenhund.** Oertel+Spörer, Reutlingen 2002

Nijboer, Jan: **Vom Welpen zum Familienhund.** Kosmos, Stuttgart 2009.

Nijboer, Jan: **Hunde verstehen mit Jan Nijboer.** Kosmos, Stuttgart 2004.

Nijboer, Jan: **Hunde erziehen mit Jan Nijboer.** Kosmos, Stuttgart 2012.

Nijboer, Jan: **Treibball für Hunde.** Kosmos, Stuttgart 2010.

Nijboer, Jan: **Hunde beschäftigen mit Jan Nijboer.** Kosmos, Stuttgart 2006.

Patzold, Kerstin: **Australian Shepherd.** Oertel+Spörer, Reutlingen 2011.

Reichenbach, Uta: **Wie Hunde kommunizieren.** Oertel+Spörer, Reutlingen 2011.
Reichenbach, Uta: **Kelpie.** Oertel+Spörer, Reutlingen 2012.
Reichenbach, Uta und Lehari, Gabriele: **Der zuverlässige Begleithund.** 2. Aufl. Oertel+Spörer, Reutlingen 2013.
Reinerth, Susanne: **Natural Dogfood, Rohfütterung für Hunde.** Books on demand.
Röthig, Doris: **Rettungshundeausbildung zur Flächensuche.** Oertel+Spörer, Reutlingen 2012.
Roser, Susanne: **Sheltie.** Oertel+Spörer, Reutlingen 2011.
Schmidt, Claudia: **Kurzhaar-Collie.** Oertel+Spörer, Reutlingen 2011.
Schuhmeir, Wieland: **Problem Hund?** Oertel+Spörer, Reutlingen 2011.
Schwab, Monika: **Labrador Retriever.** Oerte+Spörer, Reutlingen 2010.
Sykes, Barbara: **Border Collies.** Oertel+Spörer, Reutlingen 2006.
Werner, Tina: **Wellness für Hunde.** Oertel+Spörer, Reutlingen 2010.
Zimen, Erik: **Der Hund.** Goldmann, München 2005.
Zimen, Erik: **Der Wolf.** Kosmos, Stuttgart 2003.

...tierisch gut!
Unser Verlagstipp!

KARIN JANSEN
Rassespezifisches Territorialverhalten bei Hunden
Richtiges Verständnis und Erziehung
€ (D) 19,95 / (A) 20,60 / SFr. 28,50
ISBN 978-3-88627-851-0

Oertel+Spörer Verlags-GmbH + Co. KG
Beutterstr. 10, 72764 Reutlingen
www.oertel-spoerer.de